특허출원 10-0843763
커트가 쉬워요
곡면분할에 의한 커트방법

미용전공 대학생, 미용아카데미 원생 및 미용전문가를 위한

Cliper
Cut
Creative

베이직커트

부록
동영상 CD

청구문화사

머리말

씨쓰리 베이직커트는 헤어디자이너를 꿈꾸는 미용학과학생들과 이제 막 미용을 접한 미용인, 현장에게 근무하는 헤어디자이너들을 위한 커트의 기본지침서가 될 수 있도록 집필하였습니다.

커트의 기본자세부터 시작하여 응용까지 짧은 시간 내에 습득할 수 있도록 하였으며, 영상물과 교재에 수록된 이론을 병행해가면서 반복하여 시술해보면 쉽고, 빠르고, 정확하게 모델에게 시술이 가능하도록 구성하였습니다.

헤어스타일을 쉽게 표현할 수 있는 곡면을 분할하는 방법에서부터 커트자세, 도구 사용방법, 스타일 구성방법, 커트 기본스타일의 이론부분과 똑같은 유니폼레이어 커트를 시술한다 하더라도 두상의 조건에 따라서 다르게 표현이 되므로 헤어스타일을 표현해주는 선 만드는 방법, 슬라이스, 시술각, 도해도, 길이의 변화에 따른 방법들의 실습은 교재에는 사진으로 영상물에는 이론설명과 시연으로 이해하기 쉽도록 하였습니다.

지난 몇 년 동안 커트, 헤어드라이, 업스타일, 남성커트, 실전커트, 헤어칼라디자인, 기초퍼머넌트디자인에 이어 기초커트교재를 다시 보강하게 되었습니다.

본 교재의 완성을 위해 여러 번의 원고수정을 통하여 현장감 있는 내용과 최고의 테크닉을 구사한다고 노력을 하였으나 정리를 끝나고 나니 아직도 미흡한 부분이 많음을 절감합니다. 이런 미흡한 부분에 대해서는 앞으로 계속 다듬고 수정하여 지속적으로 보완할 것을 약속드리면서 여러분의 따뜻한 애정과 관심을 기대합니다.

끝으로 이 책의 완성을 위해 물심양면으로 지원을 아끼지 않으신 청구문화사 이상태 사장님과 임직원 여러분, 그리고 사진촬영을 위해 수고하신 문기종 선생님께 진심으로 깊은 감사드립니다.

2009년 10월
저자 일동

목 차

제1부 이 론

Contents

제2부 실 습

제1부
이 론

Chapter 1

두상의 지점과 섹션분할

1. 두상의 지점

학습 목표
- 두상에서 지점의 위치를 알게 한다.

커트는 형태에 변화를 줄 수 있는 길이, 시술각도, 슬라이스 라인, 베이스의 변화를 이용하여 원하는 헤어스타일의 토대를 만든다. 이것을 사용하여 예쁜 커트 스타일을 디자인 하려면 먼저 두상에 지점을 정확히 알아야 한다.

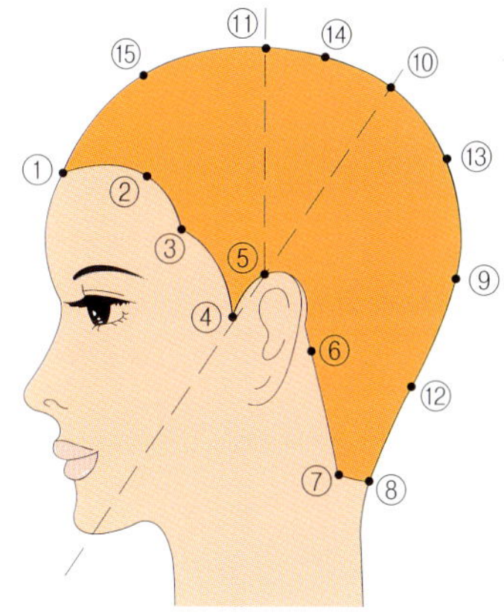

번호	명 칭	지점 설명
1	C · P	센터 포인트(Center Point) 이마중앙의 끝과 두피 시작선이 만나는 가장 중앙의 지점
2	F · S · P	프론트 사이드 포인트(Front Side Point) 눈썹 2/3지점에서 수직으로 올라가 만나는 두피끝선(Hemline) 지점
3	S · P	사이드 포인트(Side Point) 관자놀이 위의 두피끝선(Hemline)이 튀어나온 지점
4	S · C · P	사이드 코너 포인트(Side Corner Point), 귀밑머리가 나기 시작하는 지점
5	E · P	이어 포인트(Ear Point) 귀의 가장 높은 부분의 두피끝선(Hemline)과 만나는 지점
6	E · B · P	이어 백 포인트(Ear Back Point) 귀중간의 뒷부분 두피끝선(Hemline)과 만나는 지점
7	N · S · P	네이프 사이드 포인트(Nape Side Point) 목뒤선(Nape Line)의 양쪽 끝 지점
8	N · P	네이프 포인트(Nape Point), 목뒤선(Nape Line)의 중앙지점
9	B · P	백 포인트(Back Point), E · P를 수평으로 연결하여 정중선과 만나는 지점
10	G · P	골덴 포인트(Golden Point), T · P와 B · P의 중간 지점. 옆모습에서 T · P와 E · P, B · P를 직각으로 연결하고 E · P에서 사선 45°로 선을 연결하여 정중선과 만나는 지점
11	T · P	탑 포인트(Top Point), 두상에서 가장 높은 곳이며 E · P에서 수직으로 선을 이어 정중선과 만나는 지점
12	B · N · M · P	백 네이프 미디엄 포인트(Back Nape Medium Point) B · P와 N · P의 중간지점
13	G · B · M · P	골덴 백 미디엄 포인트(Golden Back Medium Point) G · P와 B · P의 중간지점
14	T · G · M · P	탑 골덴 미디엄 포인트(Top Golden Medium Point) T · P와 G · P의 중간지점
15	C · T · M · P	센터 탑 미디엄 포인트(Center Top Medium Point) C · P와 T · P의 중간지점

2. 두상의 주소와 섹션 분할

커트는 길이와 시술각도의 변화를 이용하여 예쁜 스타일을 만든다 (예쁜 스타일을 만들려면 두상의 주소를 알아야 한다).

누구나 커트 스타일을 쉽게 연출할 수 있는 것은 아니다. 하지만 한 손은 자가 정확하게, 그리고 다른 손은 도구가 익숙해 지도록 연습하다보면 경력과 상관없이 멋진 스타일을 만들 수 있다. 예를 들어, 서울 시청을 찾아가기 위해서는 서울의 주소를 모르면 찾아가기가 어렵다. 물론 어느 쪽에서 택시를 타야할 지, 전철은 몇 번을 타야할 지 알아야 하지만 주소를 모른다면 아무 소용이 없는 일이다. 따라서 헤어디자이너라면 두상의 주소를 정확히 알고 있어야 디자인하고자 하는 스타일을 쉽고 빠르게 만들 수 있다.

① 집을 찾으려면 주소를 알아야 되듯이 예쁜 헤어스타일을 찾으려면 두상의 주소를 알아야 한다. 일단 주소를 알고 찾아갈 때에는 어떤 교통수단을 이용하느냐에 따라 시간이 달라진다. 두상의 주소에 어떻게 가느냐에 따라 머리의 길이가이드가 달라지고, 왼손의 당김새도 달라지게 된다(1, 2, 3 선택).

② 섹션 분할로 예쁜 스타일을 찾는다(골격분할이므로 절대불변).

G.P~T.P 두상의 주소를 가정하여 집주소를 알게 되면 택시를 타는 것과 버스를 타는 것, 자가용을 타느냐에 따라 소요되는 시간이 달라진다. 따라서 헤어디자이너가 두상의 주소를 선택해서 시술각을 어떻게 하느냐에 따라 길이가이드가 달라진다. 오른손은 도구가 익숙하게 하면서 왼손으로는 당김새와 시술각의 느낌을 알고 정확하게 자를 댄다면 쉽게 커트를 할 수 있을 것이다. 헤어 디자이너는 고객과 상담하는 과정에서 커트 디자인과 그에 맞는 도해도가 그려져야 되며, 틴닝이나 레쟈의 도구를 드는 순간에 어떻게 질감처리를 할 것인지를 결정해야 원하는 스타일을 찾아낼 수 있다.

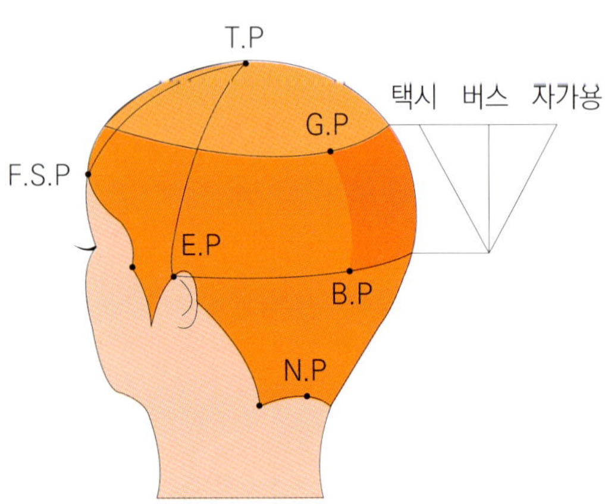

A. 어떤 교통수단을 이용하느냐에 따라 목적지에 도달하는 시간이 달라진다.

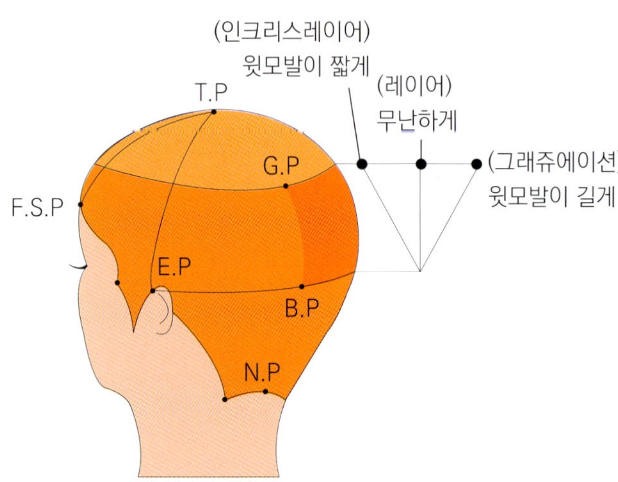

B. 왼손을 어떻게 하느냐에 따라 길이 가이드가 달라진다.

3. 구역(Section) 분할

학습 목표
- 두상을 커트하기 좋은 상태로 구역을 분할할 수 있다.
- 두상의 구역 분할과 위치에 따라 커트하는 방법을 다르게 할 수 있다.

커트에서의 구역(Section) 분할은 두상을 커트하기 좋은 상태로 영역을 나누는 것이다. 그러므로 두상의 골격과 특성을 잘 파악하여 이해하고, 그 구역을 분할하여 커트하면 보다 쉽고 빠르게 커트 스타일을 디자인 할 수 있다.

1) 두상의 구획과 명칭

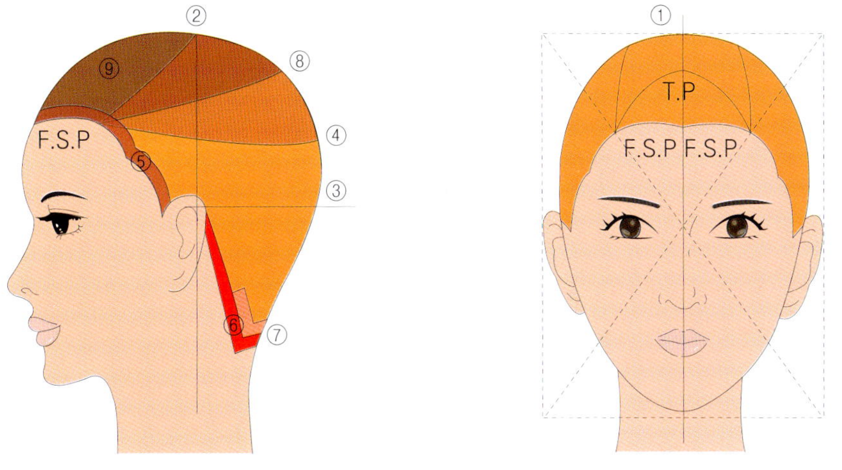

번호	명 칭	구획 설명
1	정중선(Center Line)	C · P~T · P~G · P~B · P ~N · P를 연결하여 중앙으로 나눈 선
2	측중선(Ear to Ear Line, Ear to Ear Part)	옆 수직선이라고도 하며, E · P~T · P~반대편 E · P까지 연결한 선 얼굴 측면의 중앙선으로 앞과 뒤를 구분하는 선
3	수평선(Parallel Line)	E · P~B · P~반대편 E · P까지 수평으로 연결한 선
4	리세션 섹션 (Recession Section)	F · S · P~ G · B · M · P~F · S · P를 연결한 선으로 두상의 가장 넓은 구획
5	얼굴선(Face Line)	E · P~C · P~반대편 E · P를 연결한 얼굴면의 머리카락이 나기 시작한 경계선
6	귀 뒤선(Ear Back Line)	E · P~N · S · P를 연결한 선
7	목 뒤선(Nape Line)	N · S · P에서 반대편 N · S · P까지 연결한 선
8	헴 라인(Hem Line)	두피끝선 또는 헤어 라인(Hair Line)이라고도 하며, Face Line, Ear Back Line, Nape Line을 연결한 선으로 머리카락이 나기 시작한 경계선
9	U라인 영역(U Line Area)	F · S · P~G · P~F · S · P를 연결하여 나누어 놓은 두정부 영역
10	앞머리 영역(Front Area)	F · S · P~T · P~F · S · P를 연결하여 나누어 놓은 전두부 영역

2) 두상의 5개 구역(Section) 분할과 명칭

커트 스타일을 만들어서 표현하는 곳은 두상이다. 그러므로 쉽고 빠르게 커트를 하여 스타일을 연출하기 위해서는 두상을 골격대로 나누어서 표현하는 것이 좋다. 또한 두상을 5개 구역으로 분할하여 커트하면 디자인을 쉽게 표현할 수 있다.

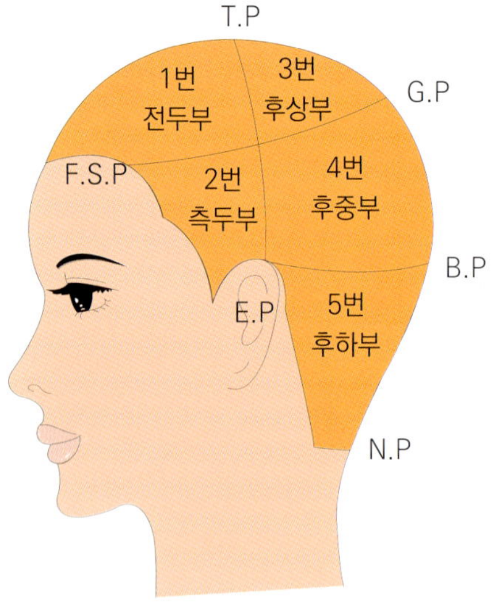

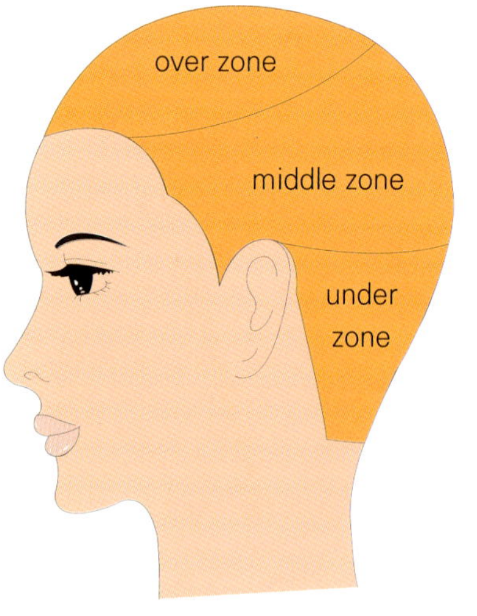

구 분	명 칭	구획 설명
1번 영역	전두부	앞머리 표정 만드는 영역 얼굴형과 밀접한 관계로 얼굴의 전체적인 균형에 영향을 준다.
2번 영역	측두부	옆선 만드는 영역 옆선의 이미지가 연출 되는 곳으로 측면의 형태선 모양과 질감이 표현되는 되는 곳 짧은 머리는 이곳에서 얼굴형의 이미지가 결정
3번 영역	후상부	두상에서 가장 높은 위치의 영역 헤어스타일의 높이와 볼륨감을 주는 곳
4번 영역	후중부	두상에서 가장 넓은 영역 돌출된 부분으로 헤어스타일의 전체적 질감이나 움직임에 관여 헤어스타일의 형태에 영향을 준다.
5번 영역	후하부	커트의 형태선(Out line), 뒷머리의 모양, 길이를 결정짓는 영역 두상에서 가장 낮은 위치
over zone	두정부	전두부와 후상부의 영역 헤어스타일 상부의 실루엣을 결정
middle zone	두중부	측두부와 후중부의 영역 헤어스타일 중간부의 전체적 질감과 움직임, 실루엣을 결정
under zone	두하부	후하부와 같은 영역으로 특징 또한 같다.

3) 두상의 세로방향 분할

모발이 떨어지는 위치에서 형태선의 스타일이 결정되므로 세로존으로 나누어서 커트하면 원하는 스타일이 쉽고 빠르게 표현된다. 때에 따라서는 두상 연장선상의 U라인을 시술할 때도 사용된다.

빗이나 손가락의 기울기에 따라 형태선이 완만하거나 경사지게 표현된다.

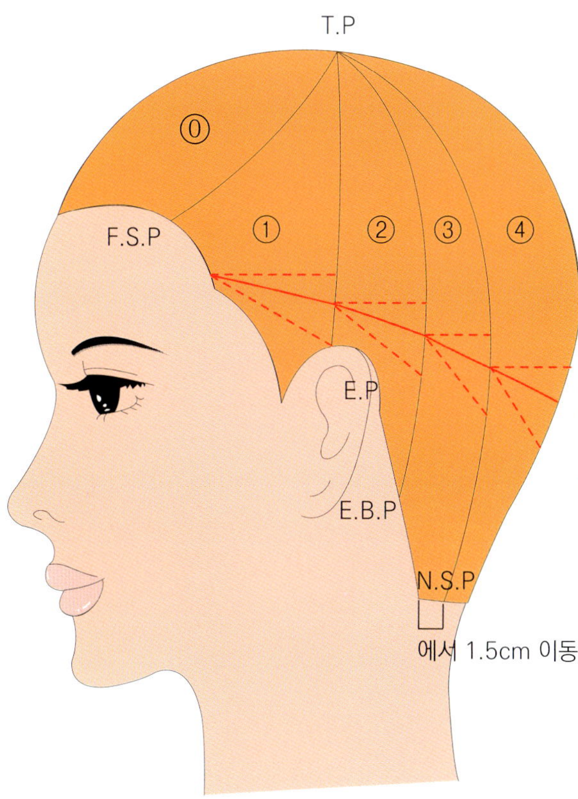

구 분	명 칭	구획 설명
⓪번	앞머리 영역	앞머리 표정을 만드는 곳
①번	옆머리 영역	얼굴옆선의 모양을 결정하고 헤어스타일 측면의 실루엣과 형태선을 만드는 곳
②번	옆 뒷머리 영역	앞에서 봤을 때 헤어스타일의 실루엣을 형성하는 곳
③번	뒷 옆머리 영역	모발의 겹쳐짐을 이용해 볼륨과 입체감을 형성할 수 있는 곳
④번	뒷 중심 영역	두상에서 면적을 가장 넓게 차지하고 커트 시술시 중심을 잡아주며, 뒷머리의 중심이 되는 곳

* 두상의 지점을 알고 갑시다.

– 두상을 5영역으로 나누고 설명하세요.

– 두상에서 지점의 위치를 표시하고 그 지점 명을 쓰시오.

평가자	실습생 :
	지도교수 :

Chapter 2

커트의 자세와 도구

1. 빗과 자세

학습 목표

- 커트 빗의 용도와 그 사용법을 알 수 있다.
- 커트 빗을 용도에 맞게 사용할 수 있다.
- 커트 빗 잡을 때의 자세를 할 수 있다.
- 패널을 나눌 때의 주의 사항을 알 수 있다.

커트 빗은 얼레살과 고운살이 같이 있으며, 커트 할 때는 얼레살과 고운살을 번갈아 가면서 사용한다.

얼레살은 모발을 나누어 잡을 때나 웨이브진 모발을 빗을 때 사용되며, 고운살은 고운 빗질이 필요할 때 사용된다.

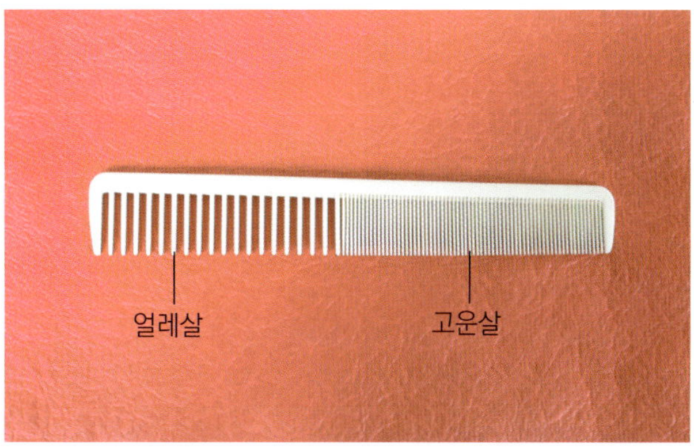

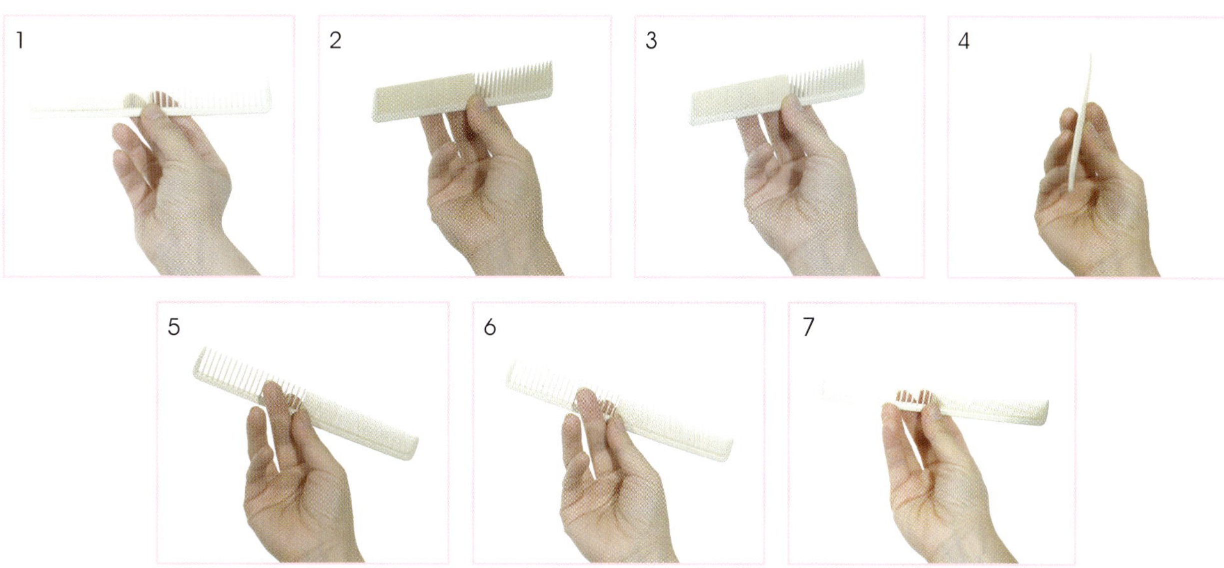

빗의 중심부를 잡고 엄지, 검지, 중지를 이용하여 필요한 목적에 따라 방향을 돌려가면서 사용

▶ 커트 시에 패널(Panel)을 나눌 때 주의사항

① 얼레살과 고운살을 번갈아 사용하기 편하게 하기 위하여 빗의 중심부를 잡을 것
② 곡면인 두상에 블로킹 등의 선을 나눌 때는 빗이 45°로 기울어진 상태로 빗질
③ 빗을 잡지 않은 손의 검지는 나눌 선의 끝점에 위치하게 하고 빗질
④ 빗의 중심부를 잡고 얼레살을 사용하여 블로킹, 패널 등을 나눔
⑤ 들어 올린 패널은 고운살로 빗질

2. 가위의 자세

학습 목표

- 커트 가위 각 부위의 명칭을 알 수 있다.
- 커트 가위의 용도와 그 사용법을 알 수 있다.
- 커트 가위 잡을 때의 자세를 할 수 있다.

미용 가위는 역학적으로 지레의 원리가 응용되며 두날이 교차되면서 두발을 자른다. 날의 길이에 따라 가위의 크기 명칭이 달라진다.

미용 가위의 크기는 5 inch, 5.5 inch, 6 inch, 7 inch가 있으며, 사용목적에 따라 커트 가위, 틴닝 가위, 스트록 가위가 있다.

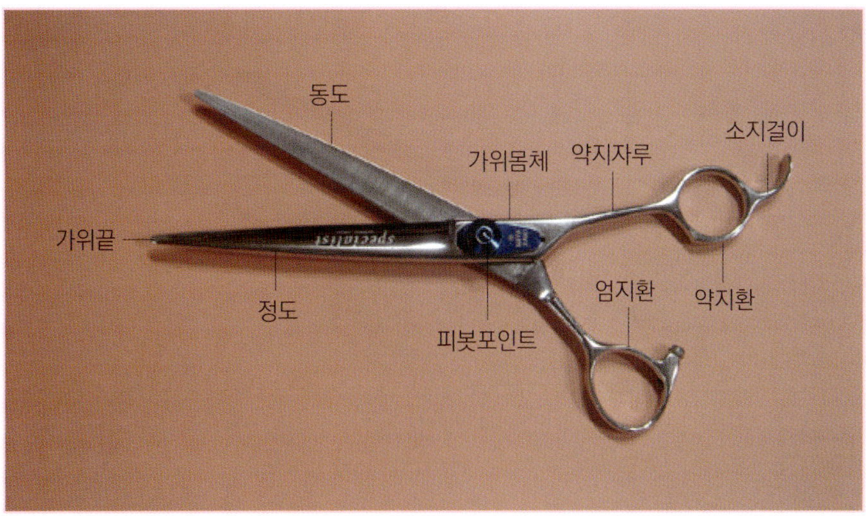

1) 가위의 명칭

(1) 엄지환 : 엄지손을 끼우는 곳. 유동날을 움직인다.
(2) 약지환 : 약지손을 끼우는 곳. 고정날을 다룬다.
(3) 가위몸체 : 손잡이와 날을 연결하는 부위
(4) 피봇 포인트(Pivot point) : 가위 잠금나사이다.
(5) 동도(유동날) : 움직임 날이라고도 한다.
(6) 정도(고정날) : 움직이지 않는 날이라고도 한다.
(7) 가위끝 : 실제로 커팅이 이뤄지는 부위이며, 가위끝의 1~2 cm 위치에서 모발이 커팅 된다.

2) 재질에 따른 분류

(1) 착강가위 : 협신부(연강)와 날(특수강)이 서로 다른 재질로 구성되어 있다. 부분적인 수정할 때 주로 사용

(2) 전강가위 : 전체가 특수강 재질로 되어 있다.

3) 가위 잡는 법

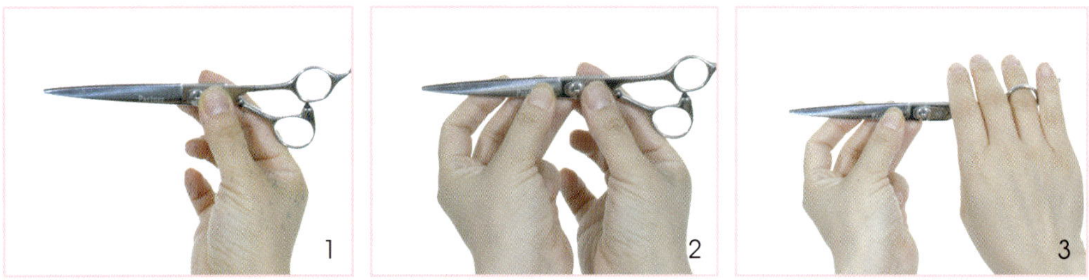

(1) 잠금나사 부분이 보이도록 잡는다.

(2) 왼손으로 가위를 잡는다.

(3) 오른손 약지의 두 번째 관절에 약지환을 끼운다.

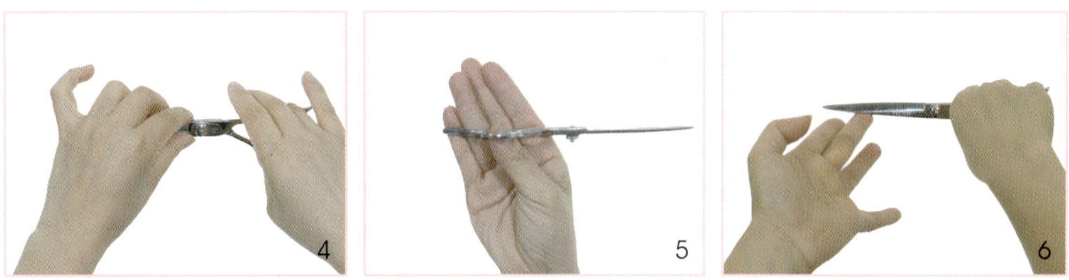

(4) 오른손 엄지를 엄지환에 끼운다.

(5) 가위가 일직선이 되도록 오른쪽 손목을 바깥쪽으로 약간 틀어준다.

(6) 가위몸체를 누르는 손가락 4개는 펴준다.

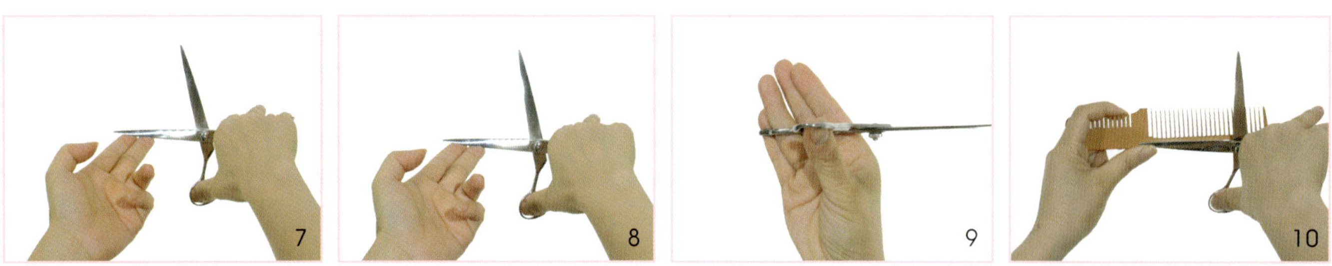

(7) 고정날은 평행상태를 유지한다.

(8) 엄지손만 개폐를 한다.

(9) 엄지손톱의 1/3을 넘지 않아야 가위 개폐가 쉽다.

(10) 유동날만 움직여 커트한다.

4) 가위 돌려서 자세잡기

커트자세는 커트시 위험 요소를 줄이고 멋진 자세를 만들면 고객으로부터 신뢰를 받는다. 커트를 한 후 엄지환에서 엄지손을 뺀 후, 검지를 툭 치면서 가위를 회전시켜 약지와 소지사이에 끼운다. 이렇게 하여 빗질을 하고 판넬을 왼손에 잡은 후 다시 가위를 풀어서 원 위치시켜 커트한다. 이렇게 가위를 돌려서 잡게 되면 가위날이 시술자를 향하게 되므로 위험요소를 줄일 수 있다.

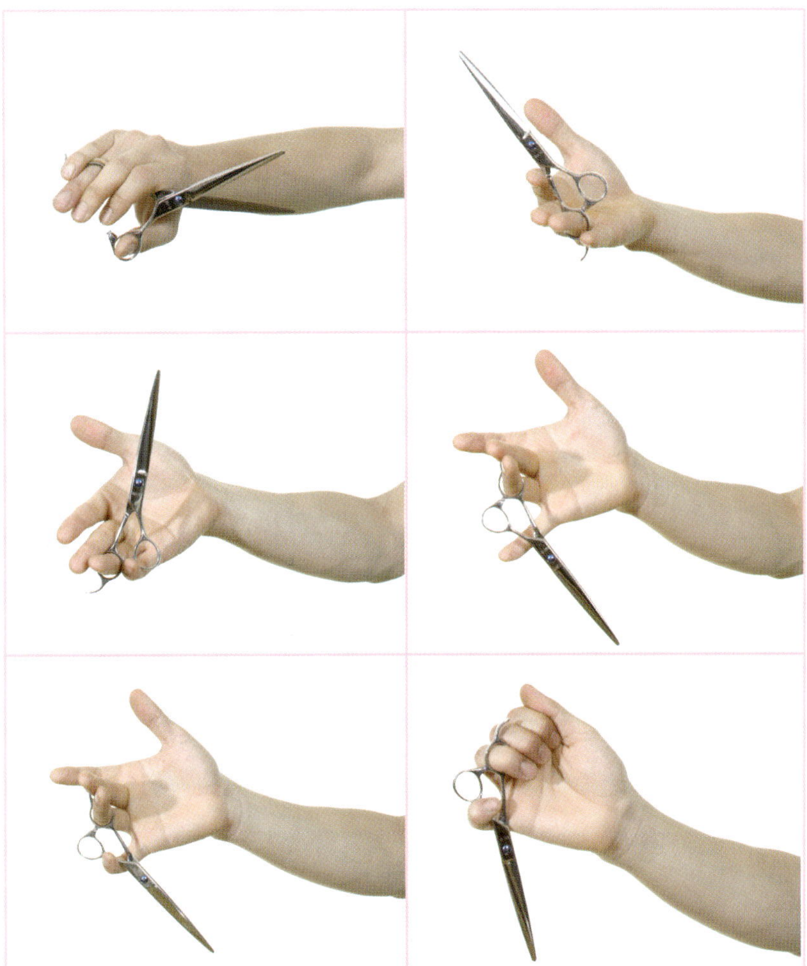

3. 커트 자세

학습 목표

- 커트 시의 바른 자세에 대하여 알 수 있다.
- 커트 시에 바른 자세를 할 수 있다.

헤어 커트시의 자세는 고객에게 편안함을 제공하고 시술자는 바른 자세로 인한 신체적 건강을 유지할 수 있다. 그러므로 평소에 바른 자세를 갖도록 노력해야 한다.

1) 기본자세

커트에서 기본자세는 시술자와 고객이 30 cm 이상 떨어져서 시술하는 것이 좋다. 너무 가까이 다가서면 고객이 머리를 움직일 경우 시술하는 각도나 길이가 달라질 수 있다. 기본자세가 익숙해질 때까지 연습을 하여야 하며, 장가위로 시술할 경우 가위가 크므로 거리유지에 유의한다.

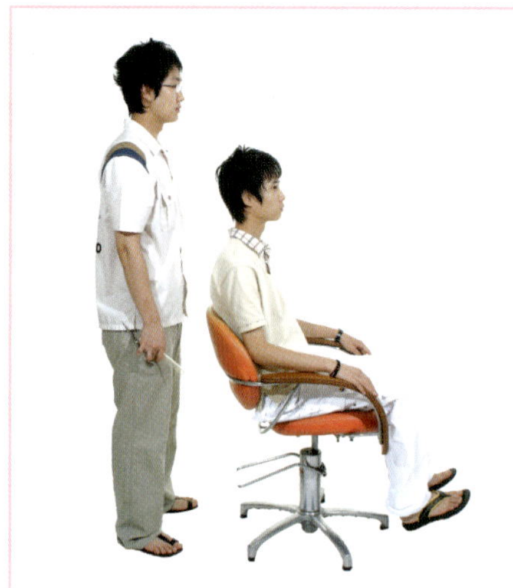

2) 다리와 발의 위치

어깨넓이의 보폭으로 다리를 벌리고 선다. Back Point 아래에서 Nape 위치의 경우 자세를 낮추어야한다. 이때는 편한 자세로 앞쪽으로 한쪽 다리를 내밀며, 한쪽 무릎을 구부려 자세를 낮춰준다.

3) 팔과 손의 위치

심장 높이의 가슴선에서 시술하는 것이 좋으므로 왼쪽 팔을 가슴선까지 올린 상태에서 패널을 잡는다. 이때 오른 팔도 같은 위치를 올려 도구를 사용하며, 가슴위치에서 몸체, 팔, 가위가 ㄷ자의 형태가 되도록 하여 작업한다.

4) 머리와 시선의 위치

작품을 점검하기 위하여 볼 때는 작품과 눈높이가 나란히 되도록 자세를 낮추어서 본다. 커트 시술시 시선은 커트되는 부분의 디자인을 생각하고 베이스를 확인해야 한다.

4. 질감처리 도구

1) 레쟈(Razor)

모발모양, 모발흐름, 길이를 동시에 조절할 수 있으며 모발의 표면을 다양하게 질감 처리하여 미세한 표정을 나타낼 수 있다. 질감 처리하는 부분의 강·약에 따라 여러가지 움직임과 방향을 만들어 낸다.

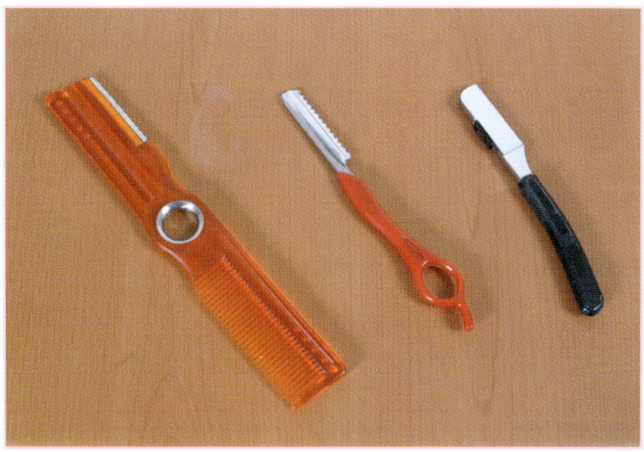

(1) 레쟈 커트

베이스 커트과 질감 커트를 동시에 할 수 있다.

① 특 징

· 젖은 모발(Wet cut)로 시술을 행할 것, 물기가 없으면 고르지 못하게 커팅이 되고 모발이 손상되거나 큐티클층이 손상되어 끝이 갈라지게 된다.
· 트와 질감을 동시에 표현할 수 있어 능률적이다.
· 부드럽고 가벼운 질감이 만들어지며 모발의 움직임을 표현할 수 있다.
· 레쟈 커트는 끝이 가늘어지게 되는 것으로 모발의 부피감을 제거하거나 움직임을 주고 싶을 때 사용하는 방법이다.

② 주의사항

· 과도하게 자르는 위험이 있다(압력과 힘조절을 골고루 분배해야 한다).
· 모발 표면을 문지르기 쉽다(90° 커팅 각도는 모발큐티클을 긁어 코텍스(Cortex) 층이 노출되어 모발이 손상되거나 끊어지고 끝이 갈라져 갈고리처럼 된다).
· 디자인 표면에 해당하는 부분은 짧게 자르지 않도록 주의한다. 가르마 부분, 모류가 강한 앞머리, 크레스트라인 부분.

(2) 레쟈의 자세

① 손목을 움직여서 커트

손목을 구부렸다 폈다 하면서 모발의 판넬을 자른다.

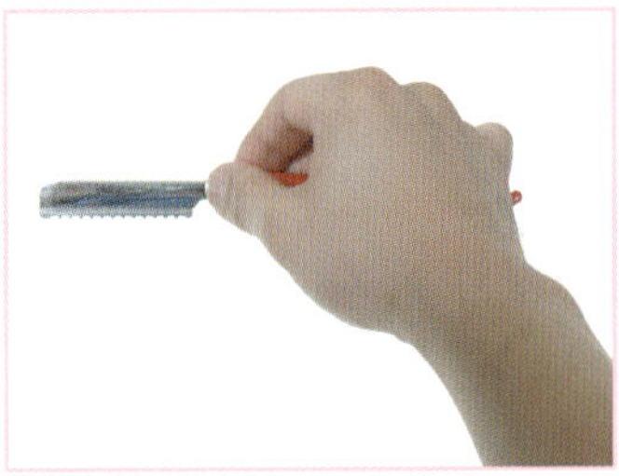
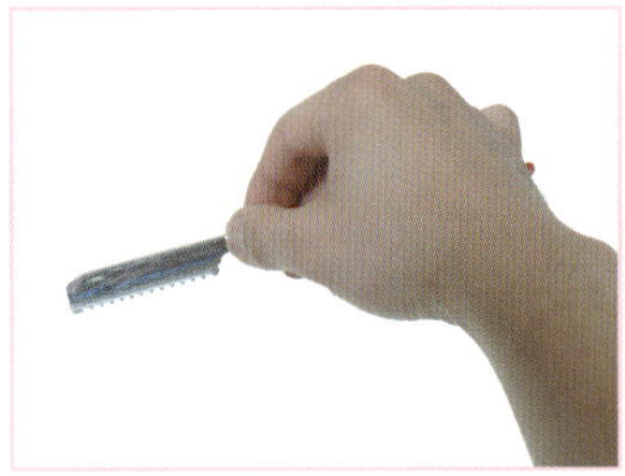
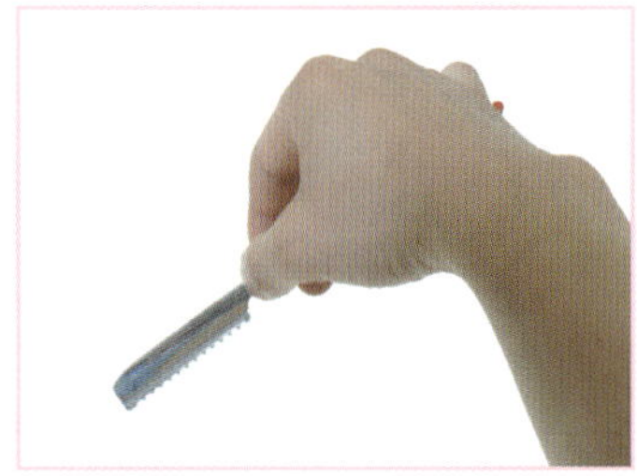

② 팔을 움직여서 커트

팔을 움직이면서 모발의 판넬을 자른다.

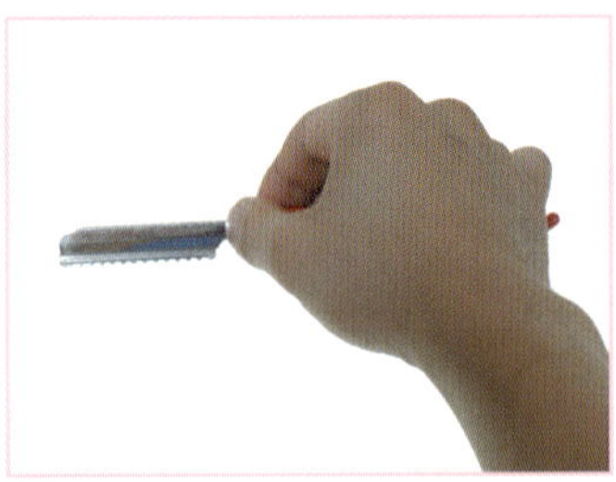
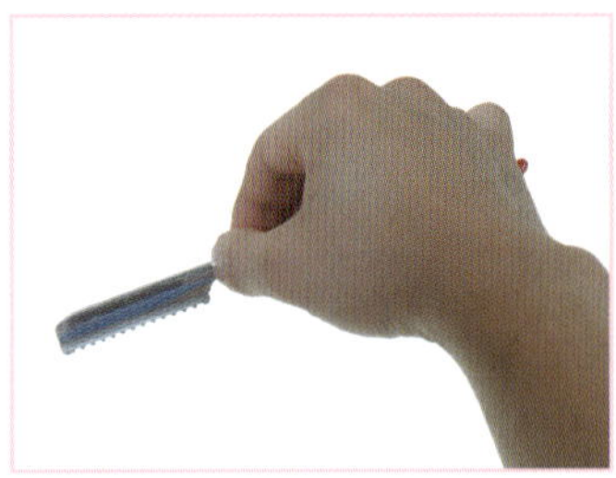
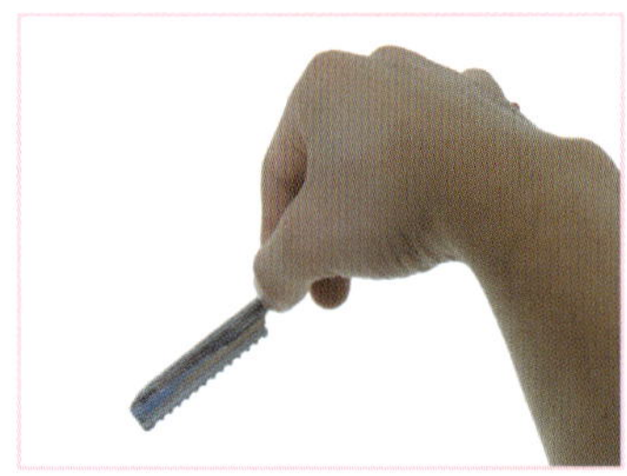

(3) 에칭기법(Etching)(레이어 커트 질감)

① 아웃컬의 움직임을 만들고자 할 때
② 율동감과 움직임을 주고자 할 때
③ 레쟈를 판넬에 대고 툭툭치면서 테이퍼링하는 방법
④ 윗쪽이 짧고 아랫쪽의 머리가 길어 아웃컬을 얻을 수 있다.

(4) 아킹기법(Arching)(그라데이션 질감)

① 볼륨감과 입체감을 만들고자 할 때
② 인컬의 볼륨을 주고자 할 때
③ 레쟈를 뒷쪽 판넬에 대고 호를 그리면서 속부분의 모발을 도려낸다.
④ 판넬의 윗쪽이 길고 아랫쪽이 짧아 인컬의 볼륨을 얻을 수 있다.

(5) 테이퍼링 테크닉(Tapering technique), 패더링(Feathering)

자연스런 모발의 장단을 만들어 모발 끝으로 갈수록 가는 붓끝 모양을 형성한다. 레이져로 모발 끝을 점차 가늘어지게 하는 방법으로 길이를 짧게 하지 않고 부분적으로 모량만 줄인다. 훼이스 라인 2.5 cm는 남겨 두고 시술한다.

① 앤드 테이퍼링(End tapering), 숏 테이퍼링(Short tapering)

스트랜드(Strand)의 1/3 이내, 즉 모발 끝 부분을 질감처리하여 완성된 스타일의 선을 부드럽게 만드는 효과가 있다.

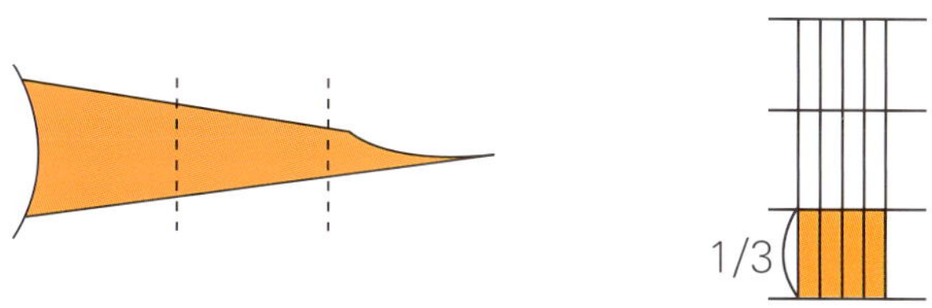

② 노말 테이퍼링(Nomal tapering), 미디움 테이퍼링(Medium tapering)

스트랜드(Strand) 1/2 지점부터, 즉 모발 중간에서부터 질감처리하여 완성된 스타일 전체의 움직임이 가벼워지는 효과가 있다.

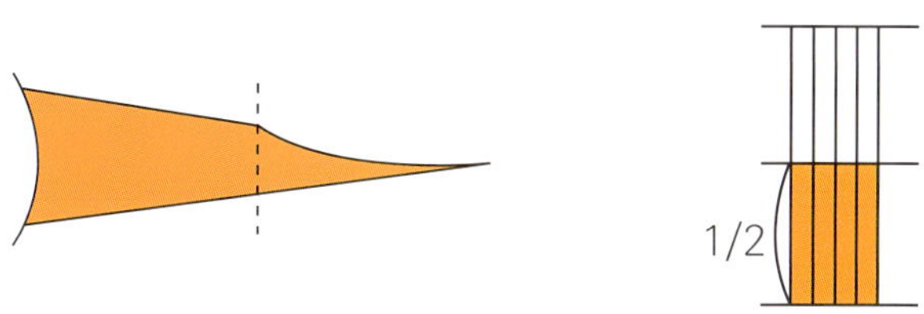

③ 딥 테이퍼링(Deep tapering), 롱 테이퍼링(Long tapering)

스트랜드(Strand) 2/3 지점부터, 즉 모발의 안쪽에서부터 질감처리를 시작하여 많은 양의 모발을 제거함으로서 매우 가벼워지는 효과가 있다.

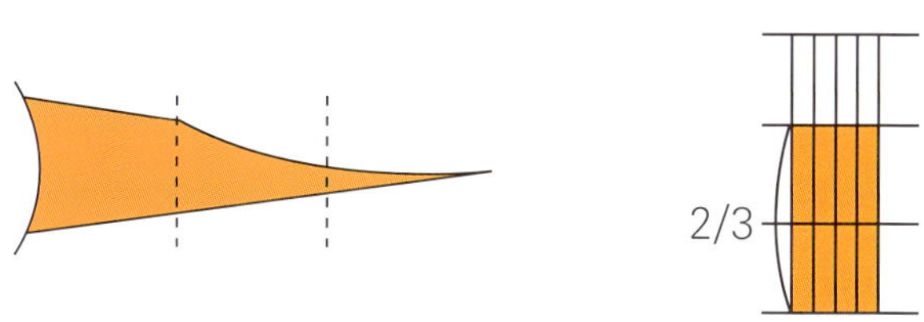

(6) 방향에 따른 테이퍼링

왼쪽, 오른쪽으로 움직임을 주고자하는 디자인에 따라 레쟈가 들어가는 방법이 달라진다.

모발의 길이는 항상 짧은쪽에서 긴쪽으로 흐르는 성질을 가지고 있다. 왼쪽 방향의 흐름이냐 오른쪽이냐에 따라 레쟈 날을 먼저 대어 짧게 해야한다.

① Right side direction(오른쪽 방향의 표현)

오른쪽에서 왼쪽으로(모발의 방향도 같다) 방향성을 나타내기 위한 방법으로 원하는 방향으로 lazor를 움직여 나간다. 왼쪽이 길어지는 사선으로 패널의 이동과 레이져를 잡은 손목을 구부려 한 번에 잘라 나간다.

② Left side direction(왼쪽 방향 표현)

왼쪽에서 오른쪽으로(모발의 방향도 같다) 방향성을 나타내기 위한 방법으로 원하는 방향으로 lazor를 움직여 나간다. 오른쪽이 길어지는 사선으로 패널의 이동과 레이져를 잡은 손목을 구부려 한 번에 잘라 나간다.

③ 원 스트로크(한번에)에 의한 방향 붙이기

한 번에 패널의 왼쪽부터 원 스트로크로 테이퍼링 한다. 아웃사이드 테이프링과 비교하면 가벼움과 방향성이 더하다.

④ 텍스춰 테이프링(감자깍기)

모발의 단차를 내기 위한 레이져 커트 기법으로 에칭, 아킹 시술시 많은 시간이 필요하므로 편법으로 한 판넬을 잡고 질감을 표현하는 방법이다.

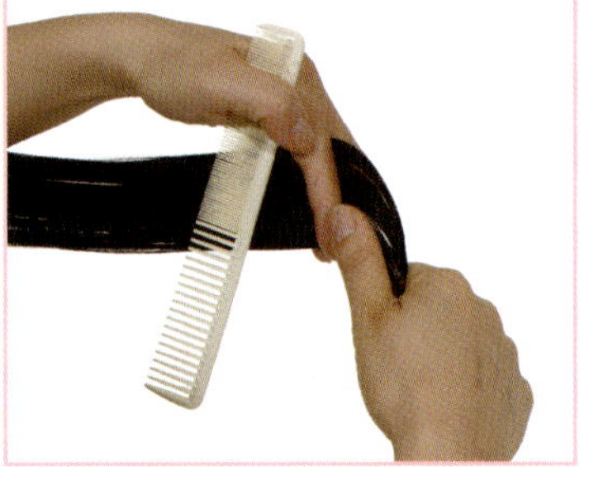

2) 틴닝(Thinning)

① 두발의 길이를 짧게 하지 않으면서 전체적으로 두발 숱을 감소시키는 방법이다.
② 틴닝 가위를 사용한다.
③ 틴닝은 두발의 양이 많은 사람에게 커트나 테이핑하기 전에 두발의 양을 적당하게 조절하는 경우에 이용한다.
④ 처음부터 장소를 정하고 틴닝을 한다.
⑤ 틴닝 양의 결정요소
  ⓐ 두발의 질
  ⓑ 두발의 길이
  ⓒ 두발의 밀도
  ⓓ 헤어스타일 구성
⑥ 모량 제거와 자연스러운 선을 만들어 주고 질감처리 하기에 좋은 도구이다.

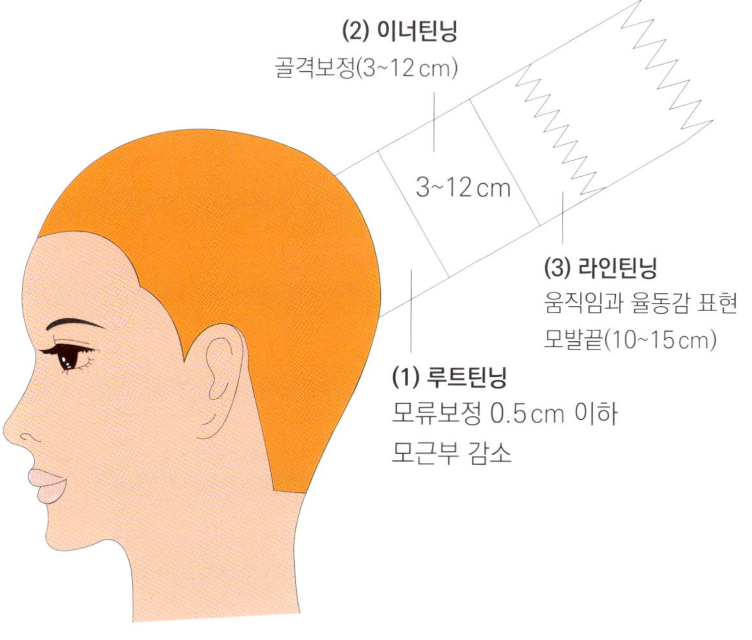

(1) 루트틴닝(Roots thinning) : 모류보정

모류나 모량에 의해 뿌리부분에 모발의 밀도가 높은 경우와 모류가 강한 부분의 모류방향을 보정하기 위해, 또는 밀도가 높은 모량을 줄이기 위해 모발의 뿌리 부분을 솎아내는 테크닉이다.

모발의 길이 0.5 cm 이하에서 모류를 보정한다.

모량 조절에도 이용하며 모류가 역행하거나 모류각도가 들떠있는 경우에는 루트틴닝을 넣어 방향감을 잡아주는게 중요하다. 루트틴닝은 넣을 장소와 모발을 동일한 길이로만 자르지 않는다면 아주 유효하게 활용할 수 있다.

모류의 반대방향으로 끌어내어 모류가 가려고 하는 성질을 없앤다. 모류가 역행하기 때문에 일어서려고 하는 성질이 있다면 모발의 길이를 길게 하던지 모류의 성질을 없애준다.

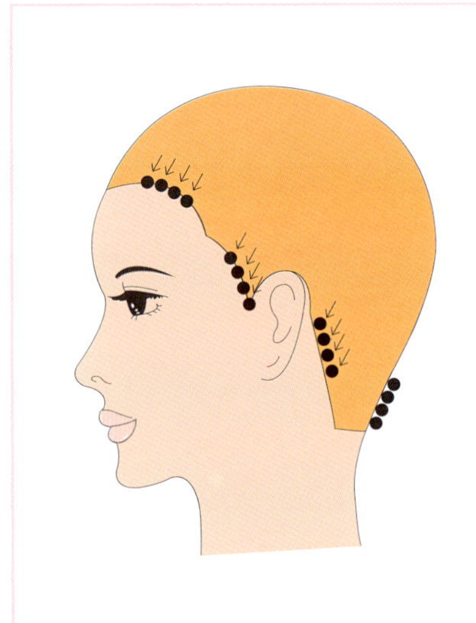

(2) 이너틴닝(Inner thinning)

이너틴닝은 3~12 cm 안에서 시술해야 효과가 있다. 가장 과학적인 사고에 기초를 둔 틴닝방법으로 패널 속에 구멍을 뚫어 양감을 조절하고 조형을 정리하는 기법이다.

두상이 큰 고객일 경우, 오버섹션에 이너그래쥬에이션 틴닝을 했을 때 무게가 증가하기 때문에 머리가 더 커보일 위험성이 높다. 골격의 기복에 따라 양감 조절을 하면서 필요한 골격 보정을 할 수 있다.

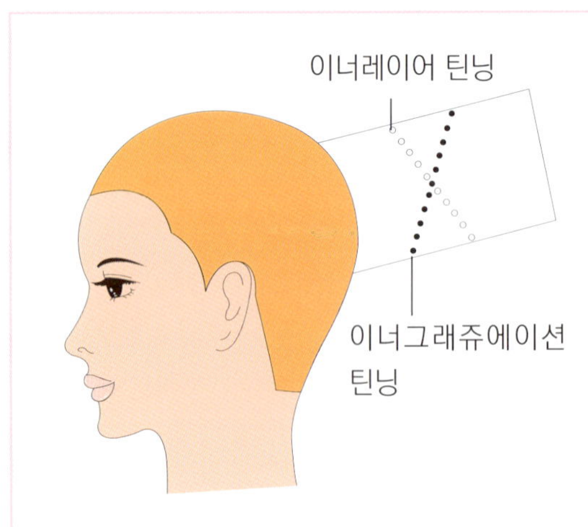

(3) 골격보정과 모량제거 틴닝(골격보정과 모류보정하고 싶을 때)

① **이너그래쥬에이션**

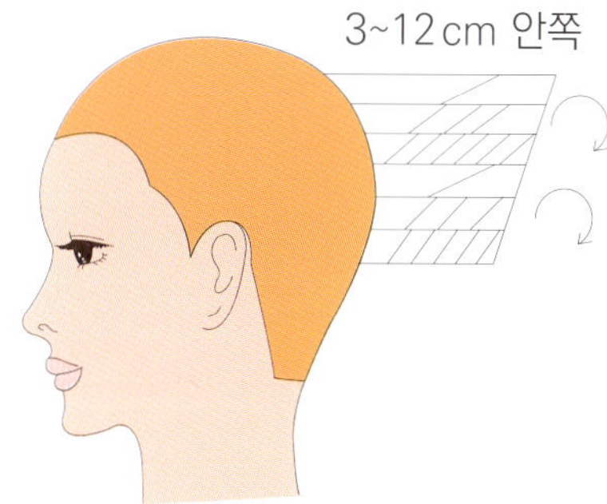

볼륨과 입체감을 만들고 싶을 때 사용하는 방법이다. 골격이 움푹 들어간 부분에 볼륨을 주고 싶을 때 양감 조절에 유효하다.

표면을 매끄럽게 두면서 모량을 줄일 수 있는 방법이다.

모발의 길이가 3~8 cm이기 때문에 기립하려는 모발의 성질을 이용한다. 10~12 cm에서 C컬이 만들어지기 때문에 3~12 cm 안에서 표정을 만든다.

② **이너레이어**

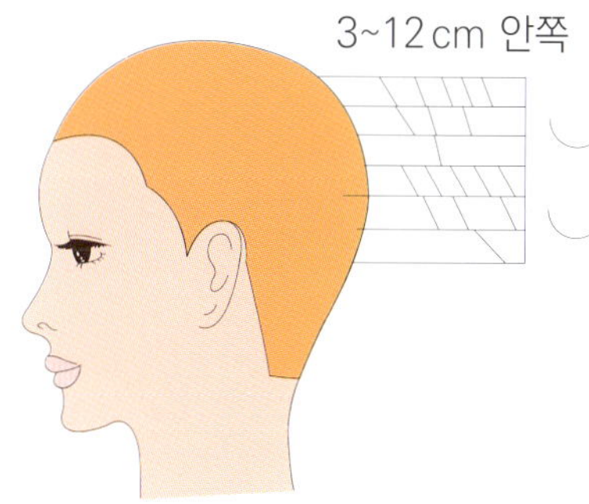

양감을 줄이고, 모량을 줄임과 동시에 율동감을 살리는 장점이 있다.

이너레이어를 넣을수록 율동감이 증가하는데 모발이 지저분해질 수 있으므로 조절하여 사용한다. 골격이 튀어나온 부분을 깍아낼 때 유효하게 활용할 수 있다. 짧은 모발은 누르고자 하는 성질이 있다. 이 원리를 이용하여 도려내고자 하는 표현을 할 때 이용한다.

(4) 라인틴닝 : 볼륨감과 율동감과 움직임을 표현

라인틴닝은 모속 바깥측을 깍아서 공간을 만들어 다발느낌을 표현하는 틴닝 방법이다.

라인틴닝은 한개의 모속을 쳐내는데 그 장소가 어디에서 짧게 시작하느냐에 따라 4가지로 구별한다.

⇒ 사이드틴닝은 주로 좌·우 움직임에 이용

⇒ 오버틴닝은 질감표현과 뻗친 모발, 아웃컬을 원할 때

⇒ 언더틴닝은 부력발생을 이용하여 볼륨과 인컬을 원할 때

① **언더틴닝(볼륨과 입체감을 주고 싶을 때)**

② **오버틴닝(율동감과 움직임을 주고 싶을 때)**

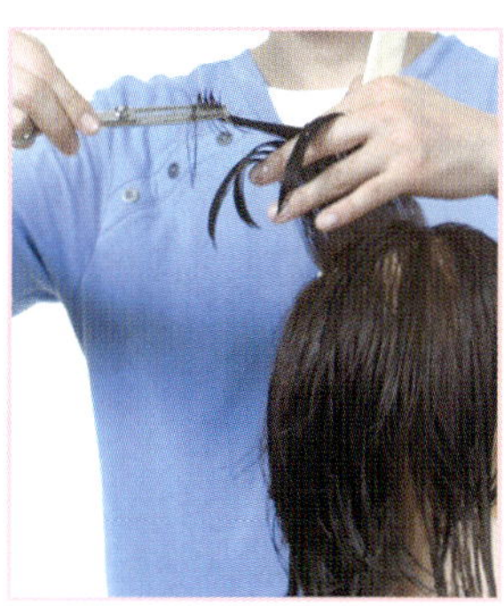
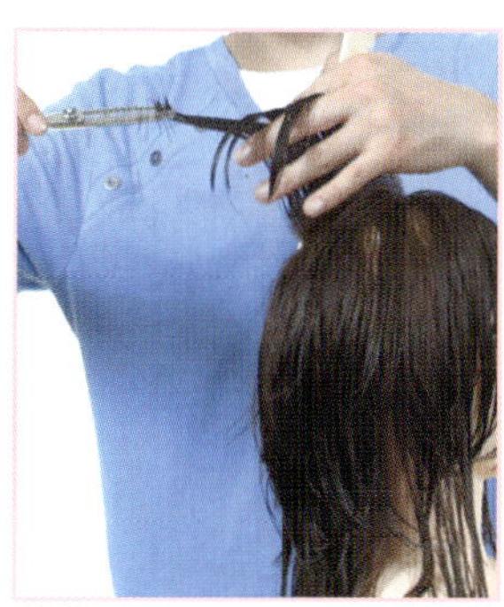

3) 스트록 커트(Strock cut)

Strock(한번치기) + Cut(자르다)

형태를 만들면서 질감과 공기감을 만드는 것.

'치다', '어루만지다'라는 의미로 가위를 톡톡치면서 커팅하는 기법의 하나이다. 한 판넬을 밀어주고 당기면서 손목을 일정하게 스윙하는 기법으로 샤기의 질감과 부풀게 하는 공기감을 이용한 이상적인 볼륨과 부드러운 라인을 단시간에 전부 표현할 수 있는 커트 방법이다. 양감을 계산하면서 동시에 샤기의 질감을 만들고 최종적으로 「디자인=형」을 만드는 커트 방법이다.

Shaggy : 털이 많은, 털이 거친, 모발이 흐트러져 헝클어져있는 모양을 만들기 위해 가지런하지 않게 커트 한 상태를 말한다.

(1) 특 징

① 샤기를 간단하게 표현할 수 있다.
② 모발의 길고 짧음의 길이변화를 이용하여 볼륨감을 얻을 수 있다.
③ 빠르게 시술할 수 있으며 모발을 손상시키지 않는다.
④ 양감을 계산하면서 질감처리를 얻을 수 있다.
⑤ 블런트 커트에서는 얻을 수 없는 부드러운 단면을 나타낼 수 있다(모발을 융합시킨다).

(2) 공기감을 표현하는 방법 : 샤기를 표현하는 테크닉

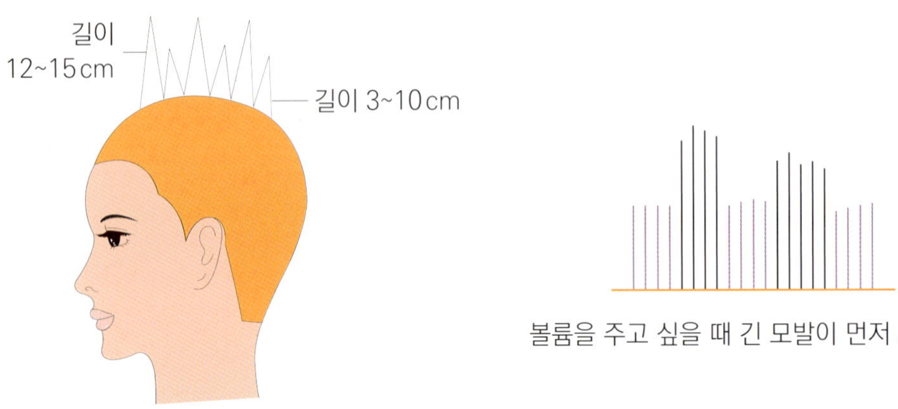

볼륨을 주고 싶을 때 긴 모발이 먼저 시작이다.

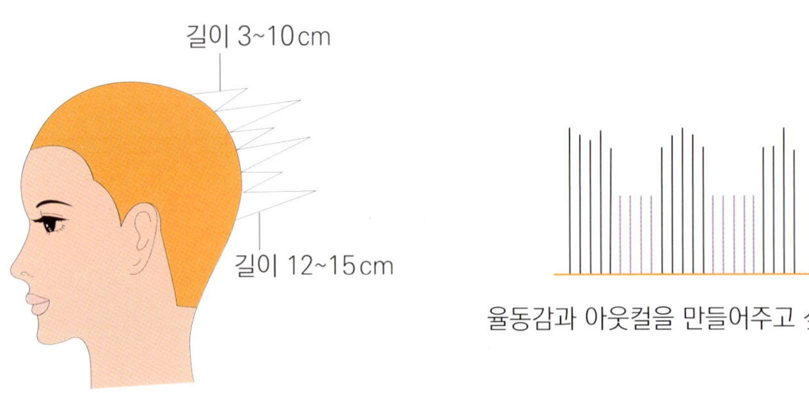

율동감과 아웃컬을 만들어주고 싶을 때

(3) 주의사항

① 드라이 커트로 시술, 물기가 있게 되면 덩어리로 잘려서 스타일을 만들기가 힘들다.
② 가위가 들어갈 때 스트록의 흔드는 폭과 날의 개폐 타이밍이 맞지 않으면 단순히 모발을 문지르는 상태가 되고 만다. 손목의 움직임과 가위의 개폐가 일치하도록 스윙연습이 충분히 되어 있어야 한다.
③ 두피에 부딪히지 않도록 스윙한다.

(4) 시술부위에 따른 테크닉 분류

① Side stroke

가로 슬라이스를 취하고 모발 한 판넬을 떠서 옆에서부터 스트록을 넣는 자세로, 스트록 커트의 기본이 된다. B.P 아래 부분에서 라인을 정할 때나 B.P~N.P 영역에서 많이 활용한다.

② Down stroke

한 판넬을 세로 슬라이스로 떠서 아래에서 위로 스트록을 넣는 자세로, 자세를 낮추어 아래에서 위로 C커브 스윙을 그리면서 약지와 중지에 힘이 들어가야만 스윙이 자연스럽다.

그래쥬에이션 스타일에 많이 활용한다.

③ Up stroke

모발 한 판넬을 세로 슬라이스로 떠서 위에서부터 스트록을 넣는 자세로, 이 자세는 스윙이 쉽고 도해도 대로 커트하기가 쉽기 때문에 많이 활용하는 스트록 자세, 인크리스레이어 율동감과 움직임을 강조하는 스타일에 많이 활용한다.

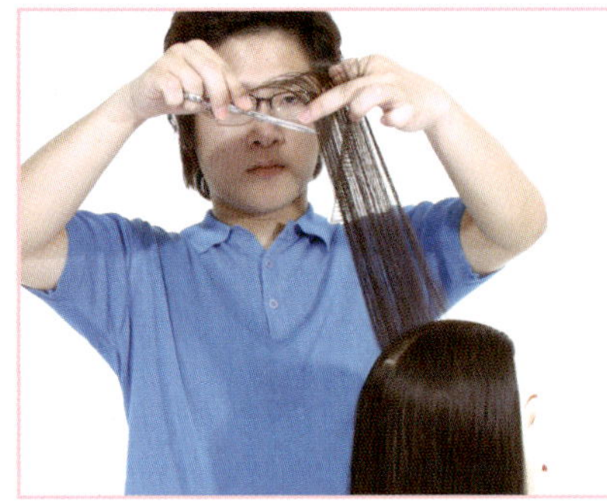

④ Effect

형태와 질감을 동시에 표현할 수 있는 테크닉이기도 하고, T.P~G.P 사이에 이용하는 영역이다. 볼륨과 공기감을 만들기도 한다(특히 질감 테크닉에 많이 활용한다). T.P~G.P 베이직 샤기 이용한다.

⑤ Up effect

볼륨을 주기 위한 시술이다. 가늘고 약한 모질에 일어섬과 힘을 넣기 위한 기법이다. 시술방법은 아래에서 위로 손목과 스냅을 이용해 툭툭쳐 가볍게 밑머리가 짧고 윗머리가 길게 시술한다.

⑥ Down effect

선의 마무리 시술시 튀어나온 부분 처리에 이용한다. 가위날의 중간에서 툭툭치면서 빠져나온다(가벼운 선 마무리에 많이 활용한다).

(5) 가위의 개폐 정도에 따른 분류

① 쇼트 스트록(Short stroke)

가위 각도 0˚~15˚.
스트랜드의 길이가 짧아 제거되는 모발의 양이 적다.

가위의 날끝부터 스타트
(쇼트 스트록)

	시술깊이	가위개폐	얻을 수 있는 형태
쇼트	모발 끝	0˚~15˚ (손의 흔들림이 적다)	머리의 융합

② 미디움 스트록(Medium stroke)

가위 각도 15˚~30˚.
스트랜드의 길이가 중간 정도의 깊이로 이루어지며 모발의 율동감을 표현할 수 있다.

가위의 중간부터 스타트
(미디움 스트록)

	시술깊이	가위개폐	얻을 수 있는 형태
미디움	모발 1/3	15˚~30˚	율동(흐름)과 운동감(방향성)

③ 롱 스트록(Long stroke)

가위 각도 30˚ 이상.
스트랜드의 길이가 길고 모발에 대한 가위의 각도가 크게 되므로 제거되는 모발의 양이 많다. 공기감을 가진 듯 모발의 움직임이 자유롭고 가벼운 느낌을 준다.

가위의 뿌리부분부터 스타트
(롱 스트록)

	시술깊이	가위개폐	얻을 수 있는 형태
롱	모발 1/2	30˚	율동감과 운동감, 형태변화

Chapter 3

커트 스타일의 구성요소

커트 스타일의 구성요소

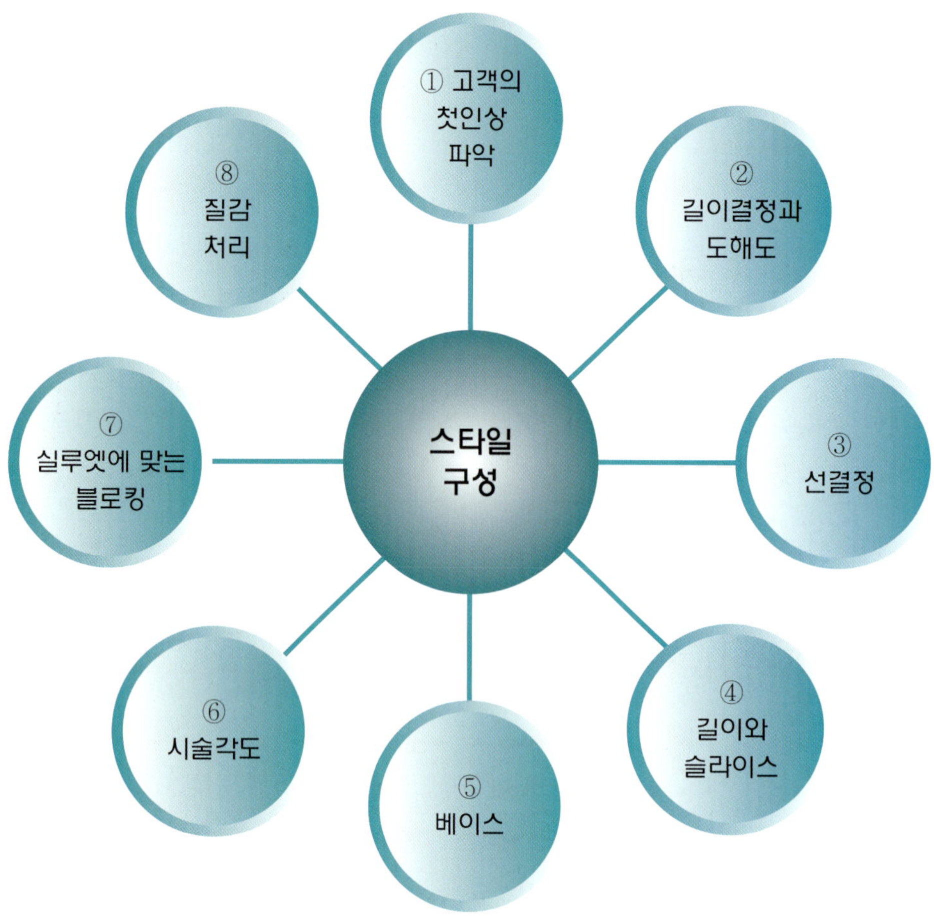
① 고객의
첫인상
파악
②
길이결정과
도해도
③
선결정
④
길이와
슬라이스
⑤
베이스
⑥
시술각도
⑦
실루엣에 맞는
블로킹
⑧
질감
처리
스타일
구성

1. 고객의 첫인상 파악

학습 목표

- 커트 디자인을 할 때 고객의 첫인상 파악 및 소재의 요소들을 알 수 있다.
- 커트 디자인을 할 때 고객의 첫인상 파악을 하여야 하는 이유와 그 중요성을 알 수 있다.
- 머리 길이에 따라 커트의 형태변화 요소들에 따른 변형을 알 수 있다.
- 얼굴형에 따른 가르마의 방법과 보정하는 방법을 알 수 있다.

커트 디자인에 있어서 커트 스타일의 구성요소는 고객과 헤어디자이너의 만족스러운 결과를 위한 중요한 요인이다. 커트 디자인에서 고객의 첫인상 파악, 길이 결정, 선 결정, 베이스, 시술각도, 질감처리 등은 커트 스타일의 구성요소로써 고객이 원하는 스타일을 아름답고 조화롭게 형태를 창조하고 디자인하기 위한 요인이 된다.

1) 고객의 첫인상 파악

커트 디자인을 할 때 먼저 선행되어야 할 것이 고객의 첫인상 파악이다.

고객의 신장, 체형, 얼굴형, 모류방향, 모발의 상태, 모량, 두상의 구조, 이마의 형태, 목의 두께, 직업, 성격 등 첫인상 파악 및 소재의 요소들을 파악하고 진단하는 것이 스타일 선정에 중요한 요인으로 작용한다. 이와 같이 소재가 되는 모발의 정확한 진단과 고객의 요구를 파악하는 것, 그리고 원하는 스타일이 가능한지에 대한 것 등을 파악하여 커트 디자인에 반영하는 것이 중요하다.

표준형

긴형

둥근형

(1) 긴머리 스타일

긴머리는 길이와 선과 시술각도의 변화로 고객이 희망하는 형태선과 실루엣의 변형을 만들 수 있다.

(2) 짧은 머리 스타일

짧은 머리는 길이와 선과 베이스와 시술각도의 변화로 고객이 희망하는 형태선과 실루엣의 변형을 만들 수 있으며, 모류의 파악이 스타일 결정에 영향을 미친다.

(3) 얼굴형에 따른 가르마

(1) 표준 얼굴형 6 : 4 가르마 - 황금비율 3 : 2로 가장 예쁘게 보이며 무난하다.

(2) 긴형 일 때 7 : 3 가르마 - 이마와 턱선의 길이가 긴 형태이므로 7 : 3 가르마를 타고, 이마부분을 가려준다. 두정부를 높이지 않으며 양쪽 옆에 볼륨감을 형성하여 스타일링하면 보정할 수 있다.

(3) 둥근형 일 때 5 : 5 가르마 - 5 : 5로 가르마를 타고 앞머리를 올리거나 두정부를 높이면 둥근 얼굴을 길어보이게 할 수 있으며, 양쪽 옆을 볼륨이 없도록 스타일링하면 보정할 수 있다.

2. 길이(Length) 결정과 도해도

학습목표

- 길이에 따른 분류를 알 수 있다.
- 길이에 의한 분류를 할 수 있다.
- 길이에 따른 특징과 변화를 알 수 있다.
- B · P 길이에 따른 특징을 알 수 있다.
- B · P 길이에 따라 나타나는 효과를 알 수 있다.
- B · P 길이를 다르게 하여 시술하는 방법을 알 수 있다.
- B · P 길이에 따른 실루엣과 형태선(outline)의 변화를 알 수 있다.
- B · P 길이에 따른 커트 스타일의 변화를 알 수 있다.

커트는 모발길이의 변화에 따라 헤어스타일이 달라지며 실루엣과 분위기와 이미지와 느낌이 달라진다. 모발의 길고 짧음이 자유롭게 구성되며 길이변화에 따라 실루엣의 형태가 결정된다. 커트 진행시 희망하는 길이를 cm로 확인하며 시술한다.

헤어스타일에서 길이는 숏 커트(Short cut, 짧은 머리), 미디엄 숏 커트(Medium short cut, 짧은 중간머리), 미디엄 커트(Medium cut, 중간 길이머리) 롱 커트(Long cut, 긴 머리) 등으로 구분된다.

다양한 길이의 변화에 따라 슬라이스 라인과 베이스와 시술각도에 변화를 주어 실루엣과 아웃라인을 조절하거나 변형을 할 수 있으며, 쳐내기 등의 질감처리로 가벼움과 움직임을 표현할 수 있다.

1) 길이결정

(1) 숏 커트(Short cut)

(1) 짧은 머리로 그 길이(Length)가 귀를 드러내거나 약간 덮는 길이
(2) 활동적이며 발랄하고 경쾌하면서 가벼운 스타일
(3) 레이어나 하이 그래쥬에이션 또는 그 혼합형으로 다양한 커트 디자인 가능

(2) 미디엄 숏 커트(Medium short cut)

(1) 짧은 중간머리로 그 길이가 귀를 덮는 정도나 어깨에 닿기 전까지의 길이
(2) 발랄하고 여성스러운 스타일
(3) 원랭스와 레이어 및 그래쥬에이션 또는 그 혼합형으로 다양한 커트 디자인 가능

(3) 미디엄 커트(Medium cut)

(1) 중간 길이머리로 모발길이가 턱선에서 부터 어깨에 닿는 헤어스타일
(2) 부드럽고 차분하면서 완숙한 이미지를 표현
(3) 원랭스와 레이어 및 그래쥬에이션 또는 그 혼합형으로 다양한 커트 디자인 가능

(4) 롱 커트(Long cut)

(1) 긴 머리로 모발이 어깨를 넘어가는 길이 이상의 헤어스타일
(2) 부드럽고 여성스러우며 우아한 이미지를 표현
(3) 원랭스와 레이어 및 그래쥬에이션 또는 그 혼합형으로 다양한 커트 디자인 가능

2) 도해도의 비밀(B · P 길이에 따른 커트 스타일 변화)

(1) B · P 길이가 20 cm 이상

같은 도해도라고 하더라도 B · P의 길이를 어떻게 설정하느냐에 따라서 헤어스타일이 달라진다.

B · P의 길이가 20 cm 이상인 경우에는 G · P의 머리가 등판까지 내려오므로 목덜미 선에서 함몰되지 않고 층이 예쁘게 형성된다. 그리고 G · P의 머리가 두상을 벗어난 길이는 머리가 자라도 형태변화를 거의 느끼지 못하며 "조금 길었다."라고만 느낄 수 있다.

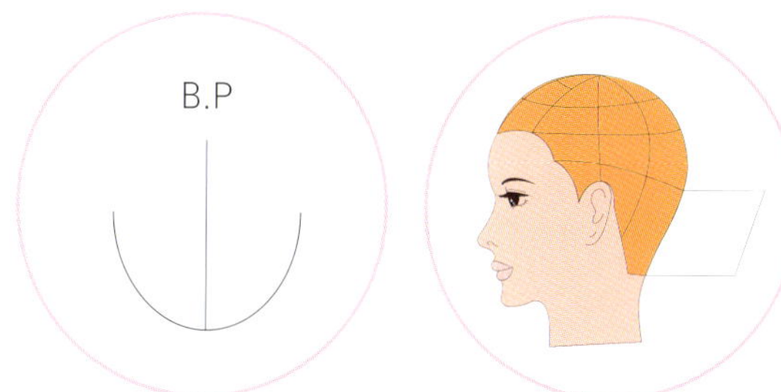

무거운 U선

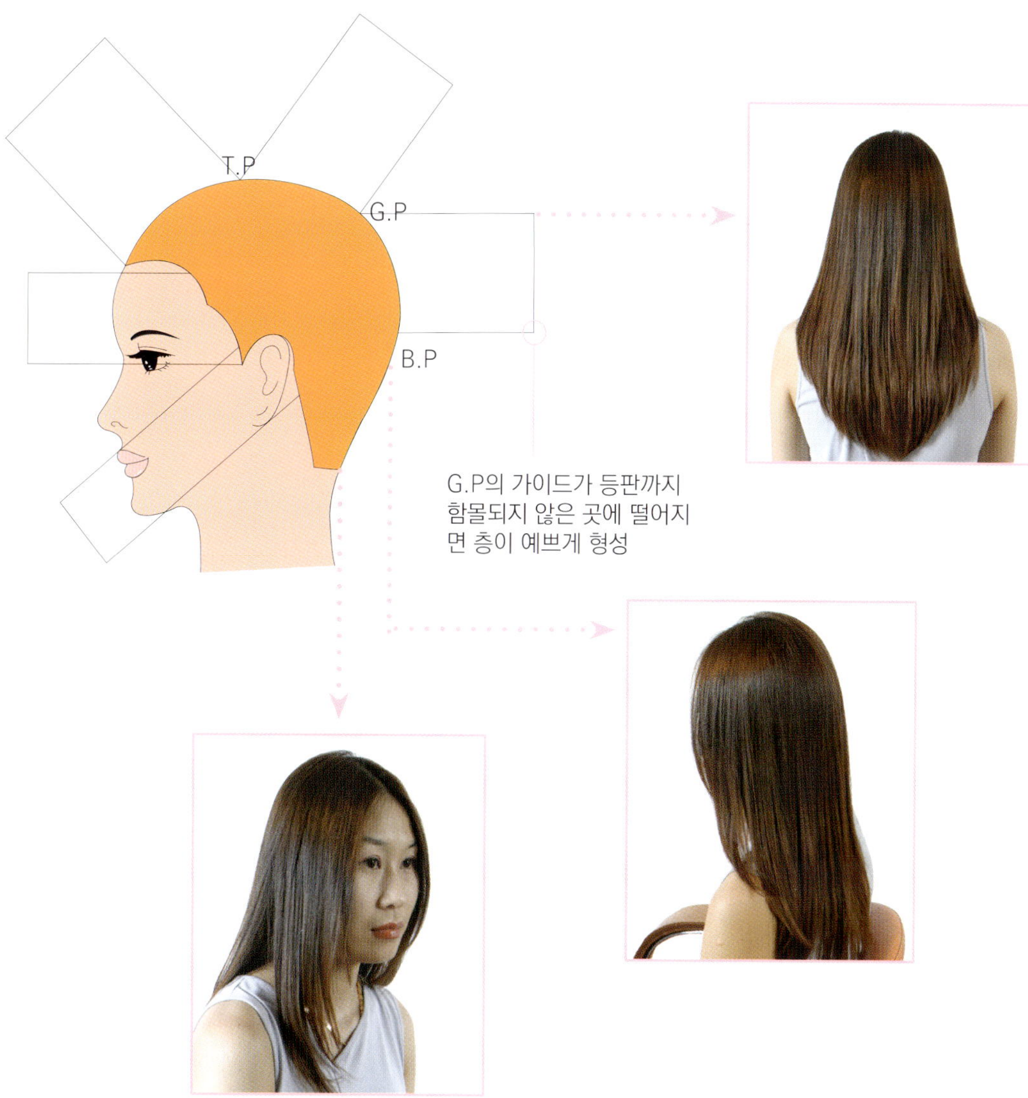

(2) B · P 길이가 15 cm 내외

B · P의 길이가 15 cm 내외인 경우에는 G · P의 머리가 B · P아래 후하부 영역에 떨어지므로 함몰되며 상대적으로 후중부 영역에 모발의 겹쳐짐과 두상의 둥금에 의한 무게감이 생기면서 볼륨과 입체감이 만들어진다.

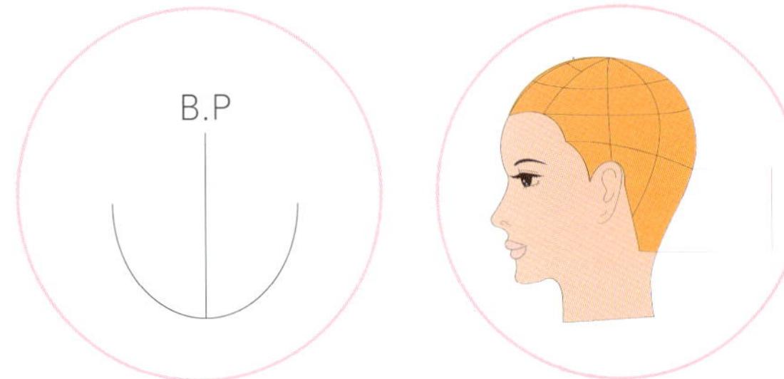

가벼운 U선

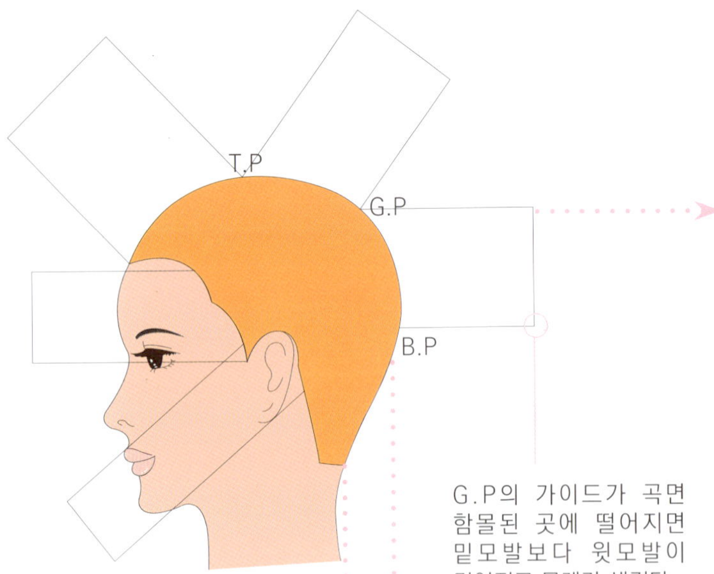

G.P의 가이드가 곡면 함몰된 곳에 떨어지면 밑모발보다 윗모발이 길어지고 무게가 생긴다.

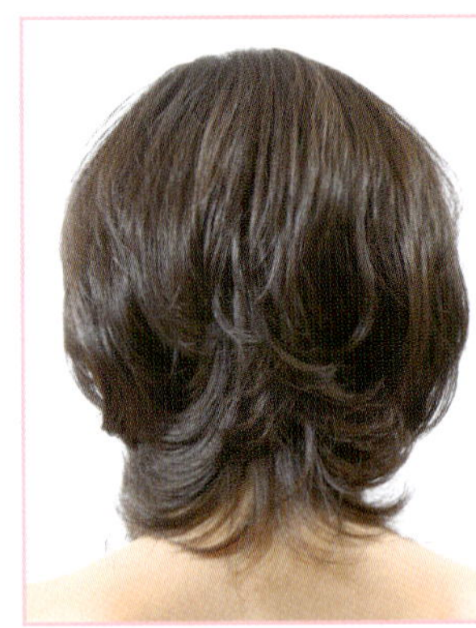

(3) B · P 길이 10 cm 이내

B · P의 길이가 10 cm 이내인 경우에는 G · P의 머리가 B · P 위치의 두상이 둥글게 나온 부분에 떨어지면서 후중부 영역에 모발 겹쳐짐과 두형에 의한 볼륨과 입체감이 만들어진다.

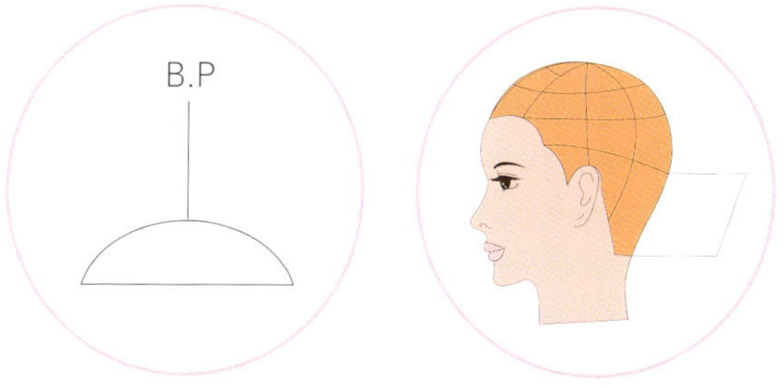

직곡선

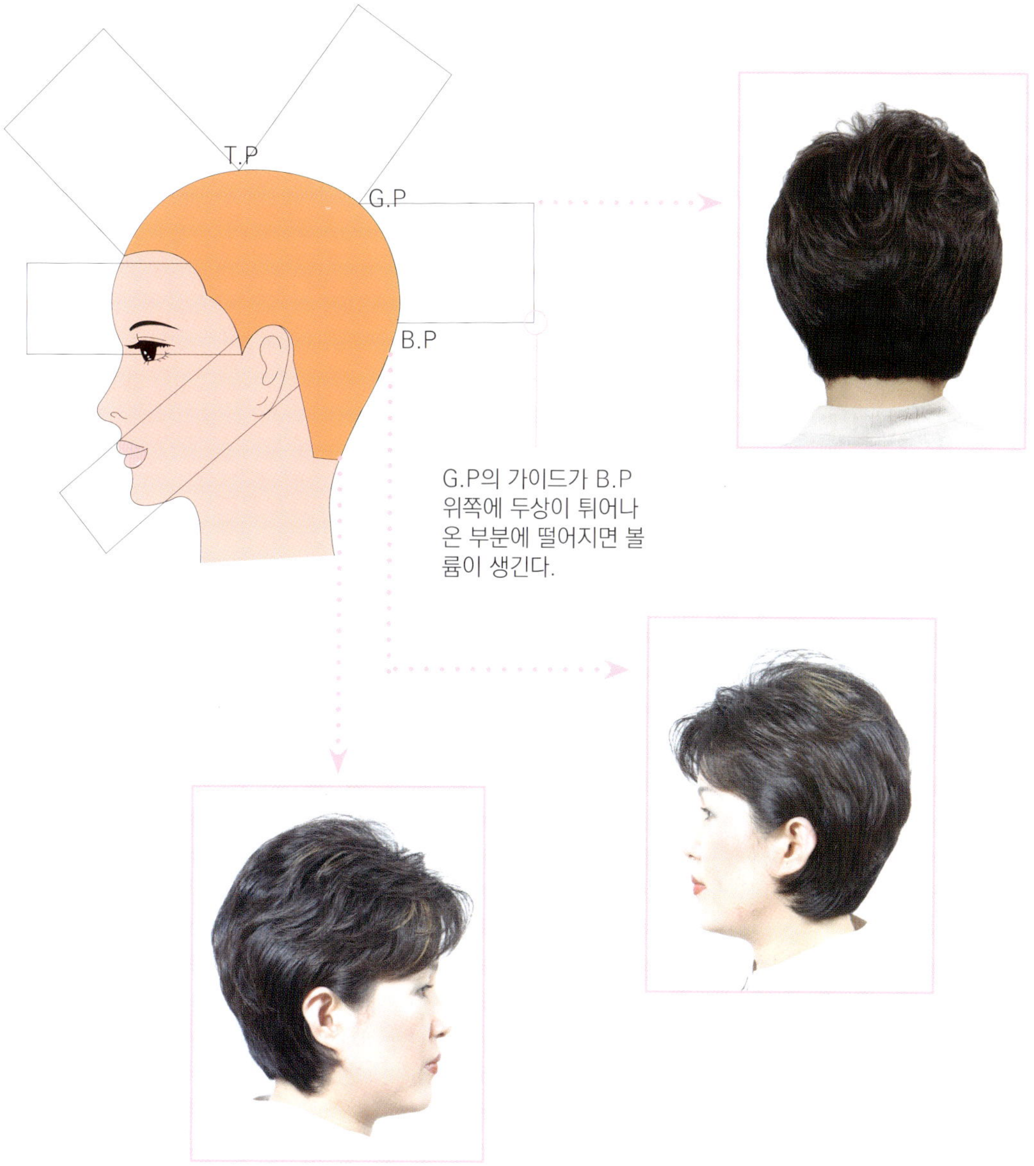

G.P의 가이드가 B.P 위쪽에 두상이 튀어나온 부분에 떨어지면 볼륨이 생긴다.

3. 선(Line) 결정

학습 목표

- 헤어스타일에서 선의 종류를 알 수 있다.
- 선에 따른 특징과 변화를 알 수 있다.
- 선에 따른 실루엣과 형태선(outline)의 변화를 알 수 있다.

점들이 모인 선은 최종 디자인 선을 결정지으며, 스타일을 결정짓는 주된 요인으로 작용된다. 헤어 커트 시에 선은 실루엣과 형태선(Outline)의 나뉘며, 이 선의 모양을 결정짓는 것은 커트 진행시의 슬라이스 라인(Slice line)이다. 슬라이스 라인(Slice line)은 헤어스타일을 결정짓는 기본요소 중 하나이며 이것에 의해 다양한 커트 디자인을 만들 수 있다. 커트에서 슬라이스 라인은 섹션(Section)을 나눌 때의 선의 형태를 말하며, 그러므로 섹션라인(Section line)이라고도 할 수 있다. 이것은 아웃라인(형태선)과 층진 부분의 실루엣에 영향을 미친다.

실루엣과 아웃라인(형태선)을 결정하는 선은 직선, 곡선, 직 · 곡선, 무거운 선, 가벼운 선 등으로 구분되며, 슬라이스 라인은 평행선(Parallel line), A 라인(A line, concave), V 라인 또는 U라인(V line, U line, Convex)으로 분류된다.

1) 선(Line)

(1) 직선

① 아웃라인이 일직선인 형태
② 스포티하고 샤프한 느낌
③ 강하고 분명한 스타일

(2) 곡선

① 실루엣과 아웃라인이 곡선을 이루는 형태
② 부드러움, 우아함, 여성스러움을 강조할 수 있는 스타일

(3) 직 · 곡선

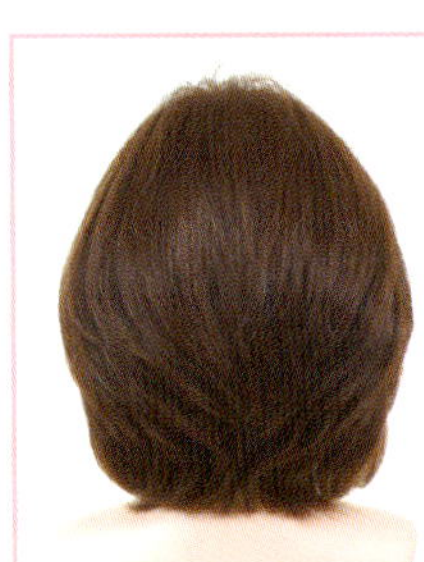

① 아웃라인과 실루엣에 직선과 곡선이 혼합된 형태
② 쇼트와 미디엄의 길이에서 볼륨에 의한 입체감을 주고자 할 때 사용되는 스타일

(4) 무거운 선

① 실루엣이 무겁게 나타나는 형태
② 시술각도를 낮게 하여 층(단차)을 적게 내면 나타나는 실루엣
③ 낮은 단차에 의한 모발끝의 겹쳐짐으로 무게감과 볼륨감을 표현할 수 있다.
④ 차분한 느낌의 스타일

(5) 가벼운 선

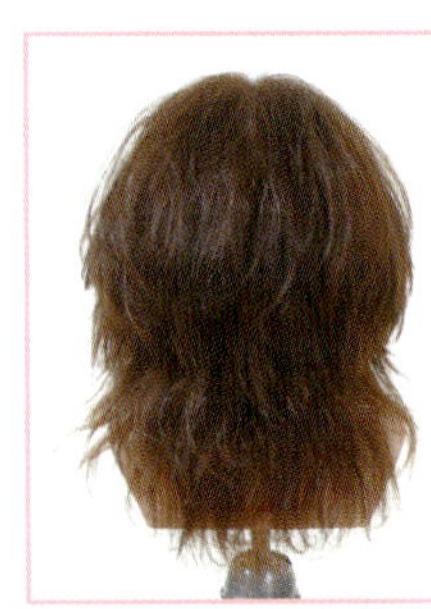

① 실루엣이 가볍게 나타나는 형태
② 시술각도를 높게 하여 층(단차)를 많이 내면 나타나는 실루엣 선
③ 높은 단차에 의하여 모발끝이 표면으로 드러나 거칠어 보인다.
④ 가벼움과 움직임을 나타내 경쾌한 스타일

4. 길이와 슬라이스 라인에 따른 커트 스타일 변화

학습 목표

- 슬라이스 라인의 종류와 특징을 알 수 있다.
- 슬라이스 라인에 따라 나타나는 효과를 알 수 있다.
- 각각의 슬라이스 라인 타는 방법을 알 수 있다.
- 슬라이스 라인에 따른 실루엣과 형태선(outline)의 변화를 알 수 있다.
- 슬라이스 라인에 따른 커트 스타일의 변화를 알 수 있다.
- 슬라이스 라인의 종류를 알 수 있다.
- 슬라이스 라인에 따른 실루엣과 형태선의 변화를 알 수 있다.

슬라이스 라인에 의해 나뉜 부분의 영역은 하나의 섹션이 된다. 섹션은 두상을 여러 개로 분할하는 단위의 하나로 베이스의 집합체이다. 슬라이스 라인에 의해 원하는 디자인을 쉽게 연출할 수 있다.

1) 평행선(Parallel line) : 가로 슬라이스

① 일자선(一 line)이라고도 한다.
② 헤어 커트 시에 형태선이나 실루엣을 직선형으로 만들고자 할 때 사용한다.
③ 강하고 분명하며 차분한 이미지를 표현한다.
④ 강약이 없는 무겁고, 가로로 퍼진 형태가 되기 쉽다.
⑤ 율동은 나타나지 않고, 두께가 있는, 무거운 모속감이 나타난다.

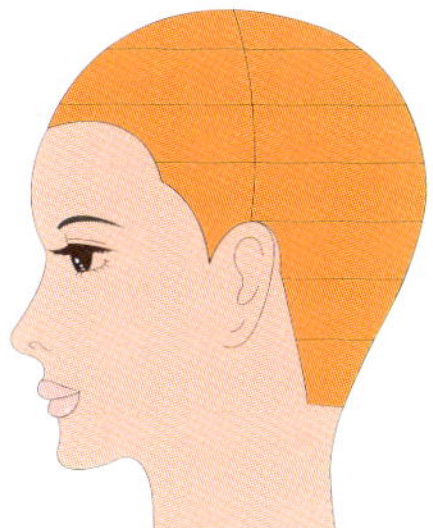

N.P 길이 처음 설정을 8~9 cm로 시작을 하고

(1) 평행 라인(Parallel line) – 평행 보브 커트

길이를 네이프 포인트에서 8 cm로 정하고, 슬라이스 라인을 평행 라인으로 한 후, 슬라이스 라인과 평행하게 원랭스 커트하였다.

커트 스타일의 형태선이 바닥면과 평행한 평행선(Parallel line) 형태가 된다. 이것은 바닥면과 평행한 슬라이스 라인의 영향으로 헤어스타일의 형태선도 평행선이 된다.

2) A 라인(A line, Concave)

① 뒤(back) 중앙에서 얼굴 쪽의 방향으로 길어지는(전대각) 스타일을 만들고자 할 때 사용
② 선의 기울기에 따라 형태선과 실루엣이 달라진다.
③ 샤프하고 세련된 이미지
④ 긴 머리 헤어스타일에는 사용하지 않는다.
⑤ 둥글고, 곡선적인 형태로 만들기 쉽다.
⑥ 헴 라인에 좌우되지 않고, 사선의 아웃라인을 나타낼 수 있다.

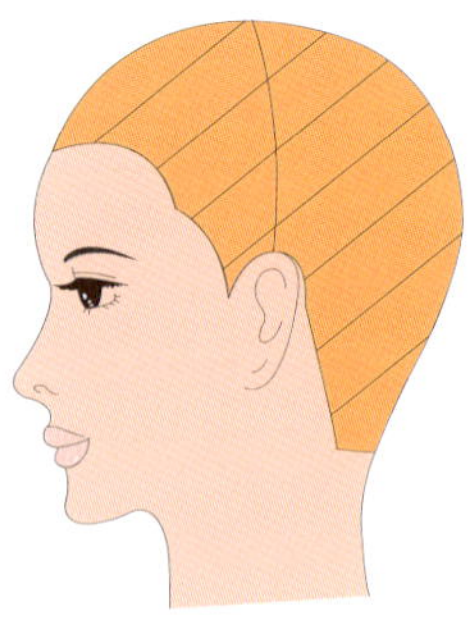

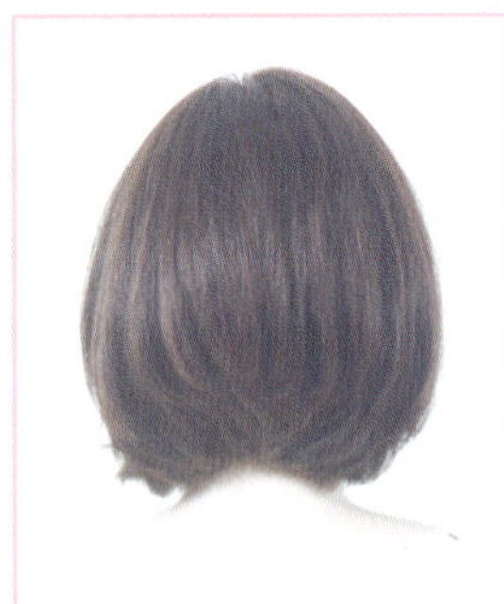

커트 스타일은 길이, 슬라이스 라인, 베이스, 시술각도에 의하여 그 형태가 달라진다. 이러한 스타일의 변화요인 중에서도 슬라이스 라인은 형태선과 길이에 영향을 주어 형태에 변화를 준다.

N.P 길이 처음 설정을 10 cm로 시작을 하고

(1) A 라인(A line, Concave) - 스파니엘 커트

길이를 네이프 포인트에서 8~9 cm로 정하고, 슬라이스 라인을 A 라인으로 한 후, 슬라이스 라인과 평행하게 원랭스 커트하였다.

커트 스타일의 형태선이 컨케이브(Concave)가 되며, 앞쪽으로 갈수록 길이가 길어지는 앞내림형의 형태가 된다. 이것은 슬라이스 라인에 의한 영향으로 그 기울기에 따라 길이가 달라지며 형태선의 오목한 컨케이브 모양으로 변화된다.

3) V라인 또는 U라인(V line, U line, Convex)

① 뒤(back) 중앙에서 얼굴 쪽의 방향으로 짧아지는(후대각) 스타일을 만들고자 할 때 사용
② 선의 기울기에 따라 형태선과 실루엣이 달라진다.
③ 부드러움과 여성스러운 이미지
④ 길거나 짧은 헤어스타일에 폭넓게 사용한다.
⑤ 시술각에 따라 움직이면 아웃라인도 적당하게 나타내면서 율동도 적당하게 나타난다.

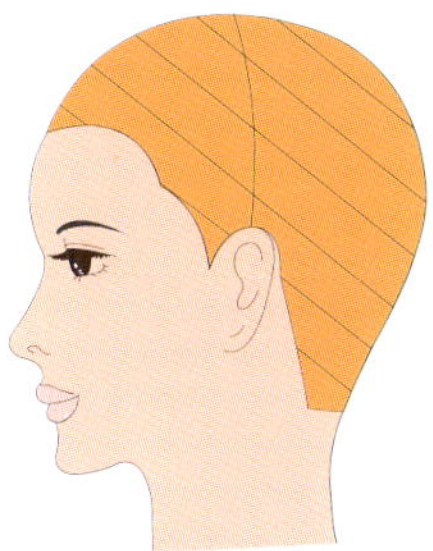

(1) V 라인(V line, Convex) – 이사도라 커트

길이를 네이프 포인트에서 8 cm로 정하고, 슬라이스 라인을 V 라인으로 한 후, 슬라이스 라인과 평행하게 원랭스 커트하였다.

커트 스타일의 형태선이 컨벡스(convex)가 되며, 앞쪽으로 갈수록 길이가 짧아지는 앞올림형의 형태가 된다. 이것은 슬라이스 라인에 의한 영향으로 그 기울기에 따라 길이가 달라지며 형태선의 볼록한 컨벡스 모양도 변화된다.

4) 세로(Vertical line)

① 웨이트의 높이 세로로 긴 형태를 만들기 쉽다.
② 머리의 형태가 나타나기 쉬운 만큼 강약있는 스타일이 되기 쉽다.
③ 헴라인의 형태를 따라 아웃라인이 나타나기 쉽다.
④ 움직이면 아웃라인은 희미해지고 큰 율동이 생긴다.

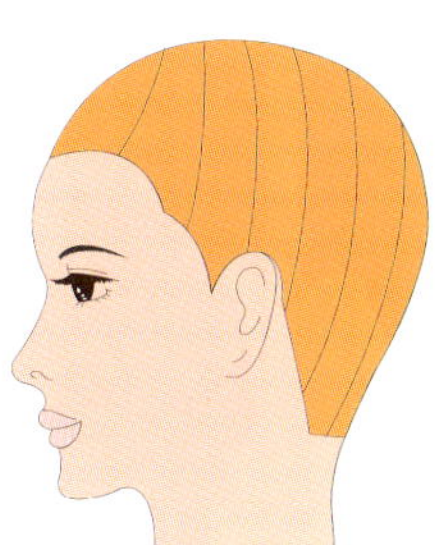

5. 베이스(Base)

학습 목표

- 베이스의 종류와 특징을 알 수 있다.
- 베이스 잡는 방법을 알 수 있다.
- 베이스 종류에 따른 길이의 변화를 알 수 있다.
- 베이스 종류에 따른 실루엣과 형태선(outline)의 변화를 알 수 있다.

베이스는 커팅을 하기 위해 갈라 잡은 최종의 모발단(Panel)의 두피부분의 일정영역을 말하며, 그 모발단에 대한 베이스의 안과 밖의 당김새를 나타낸다. 선택된 베이스의 종류에 따라 모발길이와 형태선에 영향을 미치며, 커트에서 가장 기본이면서 헤어스타일의 실루엣에 결정적인 역할을 하므로 일정한 폭의 베이스로 진행되어야 정확한 헤어 커트가 된다.

헤어 커트의 형태를 조절하고 변화시키기 위해서는 베이스의 종류와 당김새에 따른 변화를 이해하고 알아야 한다.

베이스는 가로(Horizontal), 사선(Diagonal), 세로(Vertical)로 설정할 수 있으며, 그 종류로는 온 더 베이스(On the base), 사이드 베이스(Side base), 프리 베이스(Free base), 오프 더 베이스(Off the base), 트위스트 베이스(Twist base)가 있다.

1) 온 더 베이스(On the base)

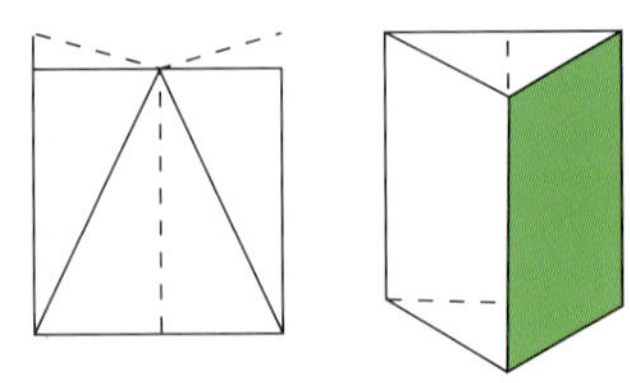

(1) 모발단을 베이스 중심에 직각이 되도록 모아 잡아서 커트
(2) 같은 길이로 커트하고자할 때 사용
(3) 베이스의 폭을 일정한 간격(2~3 cm)으로 잡는 것이 좋다.
(4) 지나치게 베이스 폭이 넓어지면 길이의 장단이 생길 수 있다.

2) 사이드 베이스(Side base)

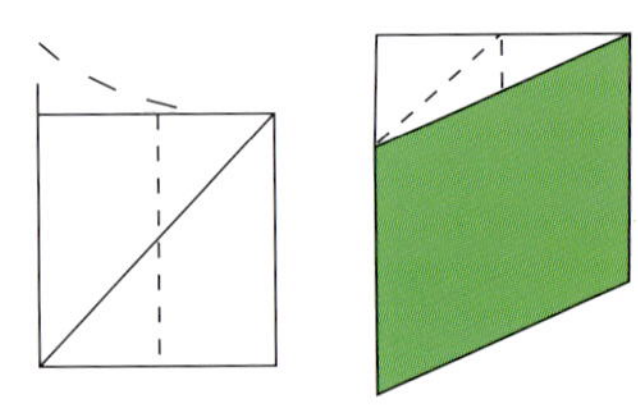

(1) 모발단을 베이스 한쪽이 직각이 되도록 모아 잡아서 커트
(2) 길이가 길어지거나 짧아지는 효과
(3) 숏 미디엄이나 미디엄의 길이에서는 스파니엘 라인에 주로 응용
(4) 롱 길이에서는 U라인에 주로 응용
(5) 전방 사이드 베이스, 후방 사이드 베이스, 업 사이드 베이스, 다운 사이드 베이스로 구분

3) 프리 베이스(Free base)

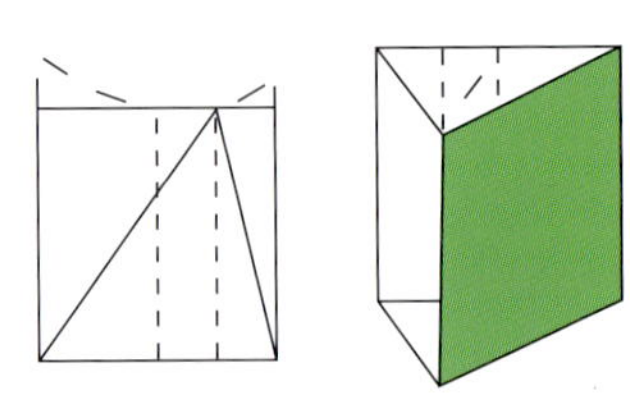

(1) 모발단을 베이스 안에서 2/3지점이 직각이 되도록 모아 잡아서 커트
(2) 길이가 점점 길어지거나 점점 짧아지는 효과
(3) 숏 미디엄이나 미디엄의 길이에서는 스파니엘 라인에 응용
(4) 롱 길이에서는 U라인에 응용
(5) 전방 프리 베이스, 후방 프리 베이스, 업 프리 베이스, 다운 프리 베이스로 구분

4) 오프 더 베이스(Off the base)

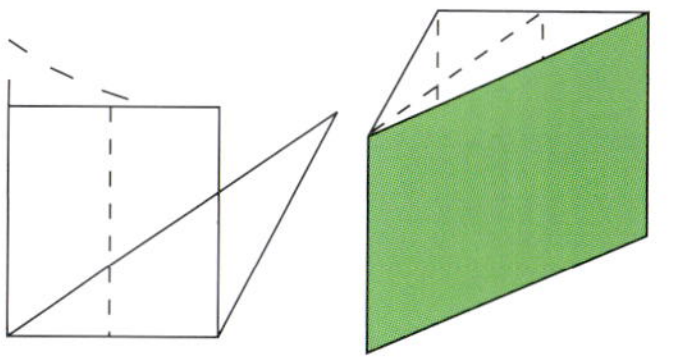

(1) 모발단을 베이스 밖으로 벗어나게 빗어 모아 잡아서 커트
(2) 얼마나 당기느냐에 따라서 심한 사선라인을 만들 수 있다.
(3) 급격한 변화를 주고자 할 때 사용
(4) 긴 머리 옆선에서 많이 사용
(5) 오버 다이렉션(over direction)이라고도 한다.

5) 트위스트 베이스(Twist base)

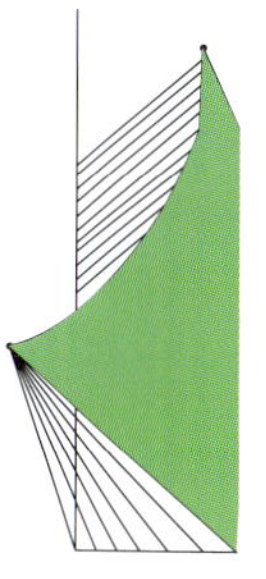

(1) 베이스의 모발단을 비틀어 모아 잡아서 커트
(2) 가로, 세로, 사선을 자연스럽게 연결할 때 사용
(3) 절단면이 곡선으로 연출되며 길이의 급격한 변화가 가능
(4) 스타일에 급격한 변화를 주고자 할 때 사용

슬라이스와 베이스를 이용한 헤어스타일

6. 시술각도(Angle)

학습 목표

- 시술각도의 종류와 특징을 알 수 있다.
- 시술각도 측정하는 방법을 알 수 있다.
- 시술각도의 종류에 따른 길이의 변화를 알 수 있다.
- 시술각도에 따른 길이의 변화를 알 수 있다.
- 시술각도에 따른 실루엣과 형태선(outline)의 변화를 알 수 있다.

시술각도란 헤어 커트 시에 두상으로부터 모발을 들어 올려 시술하는 각도를 말한다. 커트에 있어서 볼륨감, 무게감, 입체감을 결정하는 중요한 요소이다. 자연 시술각도와 일반 시술각도(두상 시술각도)로 구분된다.

1) 자연 시술각도

(1) 중력에 의해 모발이 자연스럽게 떨어지는 각도 0°가 기준

(2) 베이스 모발단(panel)의 맨 아래쪽 모발길이가 가이드(guide)

(3) 면에 의한 각도

(4) 천체축에 의한 각도

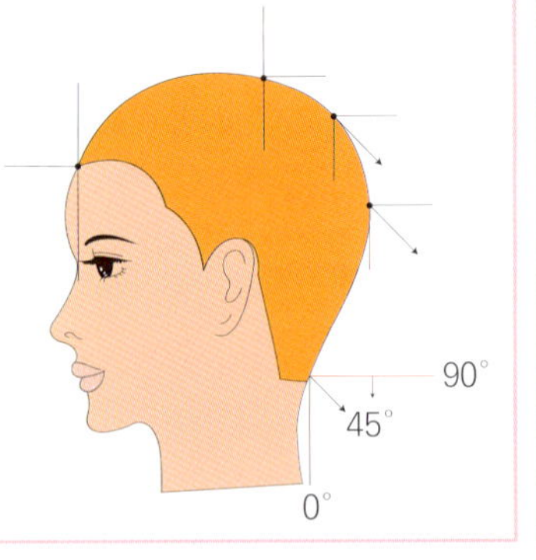

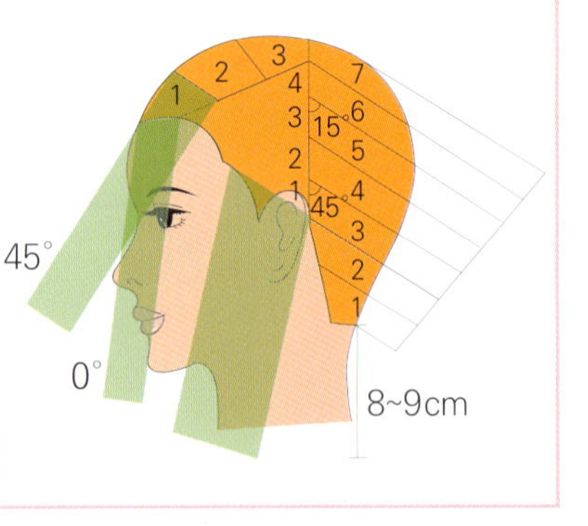

자연 시술각은 모발이 제일 아래에서부터 떨어지기에 자연 시술각 상태에서 커트의 가이드는 제일 아래의 모발이 된다.

2) 그래쥬에이션(Graduation) (자연시술각 예시)

그래쥬에이션은 미세한 커트선이 붙여진 형태로 아래가 짧고 위쪽이 길어지는 스타일이다. 시술각도로 길이를 정하여 가며 낮은 층(단차)으로 인하여 모발 겹쳐짐이 만들어져 무거움과 볼륨이 입체적으로 나타난다. 인 레이어라고도 하며 가로로 확장되어 보이는 특징이 있다.

그래쥬에이션 커트 시술시에는 일반 시술각도와 자연 시술각도를 모두를 커트 디자인에 사용할 수 있다.

커트를 디자인할 때 길이, 선, 베이스, 시술각도를 서로 조합하여 다양한 커트 스타일 창작이 가능하며, 두상과 얼굴형의 단점을 보완하고 보정할 수 있는 헤어컷 디자인이 가능하다.

3) 일반 시술각도

(1) 두상 시술각도라고도 한다.
(2) 모발을 두상에서 들어 올려 펼쳐졌을 때 나타나는 각도
(3) 베이스 모발단(panel) 중앙의 모발길이가 가이드(guide)
(4) 두상의 둥근 접점이 기준

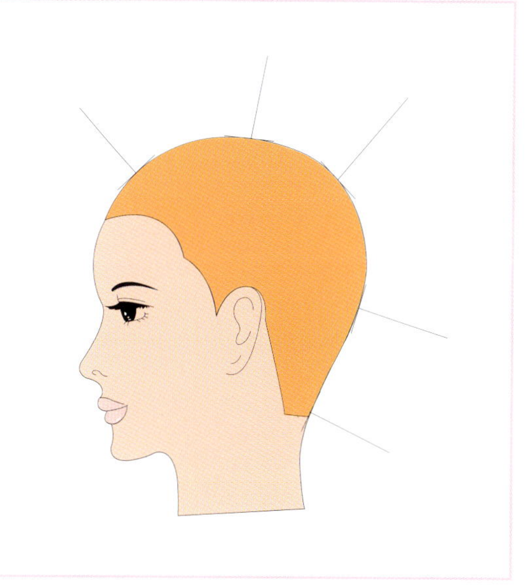

두상에 관련된 각도

4) 유니폼 레이어(Uniform layer) (일반시술각 예시)

유니폼 레이어는 모발의 길이가 전체적으로 동일하게 잘려진 상태를 말한다. 길이를 정하여 가며 일반 시술각도(두상 시술각도) 90°로 시술하며 이로 인하여 모발끝이 표면으로 드러나고 곡면의 생긴 모양이 그대로 표현된다.

일반 시술각으로 커트의 시술시 커트의 가이드가 되는 것은 판넬의 제일 중앙이 모발 가이드가 된다.

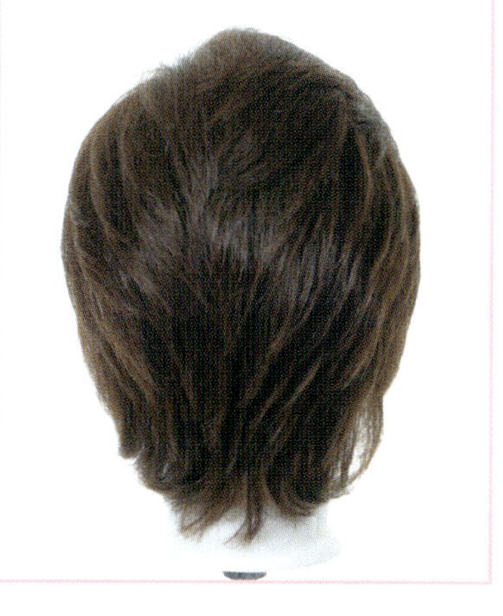

7. 실루엣에 맞는 블로킹(Blocking)

학습목표

- 헤어 커트에서 블로킹의 종류와 특징을 알 수 있다.
- 블로킹을 종류에 따라서 나눌 수 있다.
- 커트 스타일에 따른 블로킹을 할 수 있다.

긴 머리 커트 스타일의 경우 형태선이 강조되는 스타일이므로 그에 맞는 슬라이스 라인을 선택하여 사용하고, 짧은 머리는 시술각도에 의한 볼륨이 강조되는 스타일로 후상부에서 떨어지는 모발에 의해 볼륨에 의한 입체감이 생긴다.

즉 짧은 시간에 커트 디자인에 맞는 정확한 커트 시술을 하기 위해서는 구상에 의한 설계가 중요한데, 그것의 첫 단계가 블로킹인 것이다.

1) 기본 블로킹(4등분)

(1) 두상을 정중선으로 나눈 다음 측중선(ear to ear part)으로 나누어 놓은 블로킹

(2) 커트, 염색, 블로우 드라이, 펌 등의 헤어 미용시술의 기본이 되는 분할

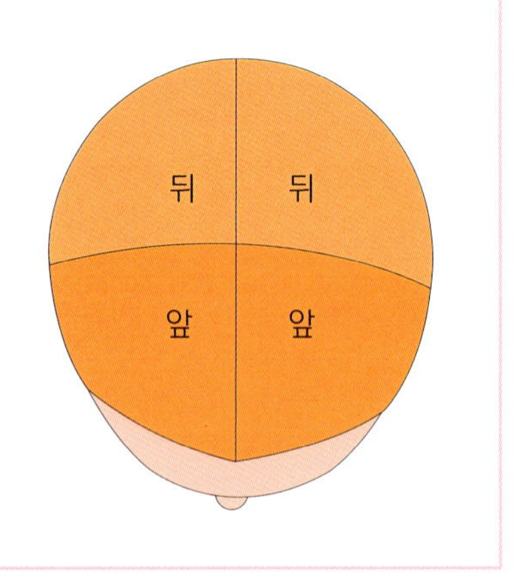

2) 리세션 블로킹 (Recession Blocking)

(1) F・S・P~B・P~반대편 F・S・P를 연결하여 나눈 블로킹

(2) 운동감, 율동감 등 움직임을 표현하고자 할 때의 디스커넥션 커트 시에 사용

(3) 측두부 일부와 후하부 영역에 형태선을 만들고, 두정부 영역에 다양한 커트 스타일을 하고자 할 때 사용

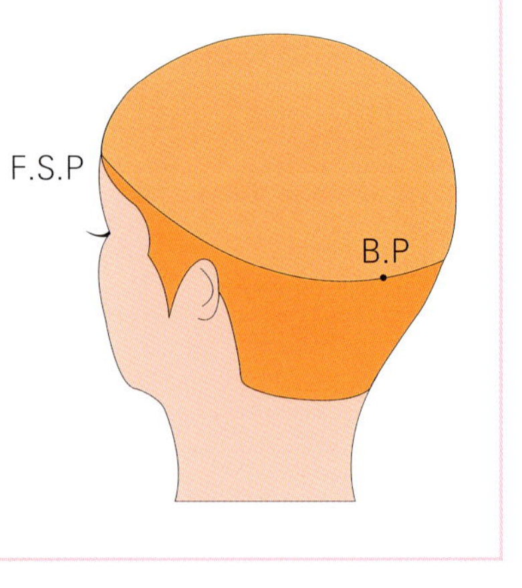

3) 말발굽형 블로킹

(1) U라인 영역
(2) F · S · P~G · P~반대편 F · S · P를 연결하여 나눈 블로킹
(3) 숏 커트, 유니폼 레이어, 하이 그래쥬에이션 등에 사용
(4) 무게감 있는 긴 머리의 경우 G · P에서 길이를 결정하여 커트할 때 사용
(5) G · P에서 길이를 결정한 후 자유로운 커트 스타일을 만들고자 할 때 사용

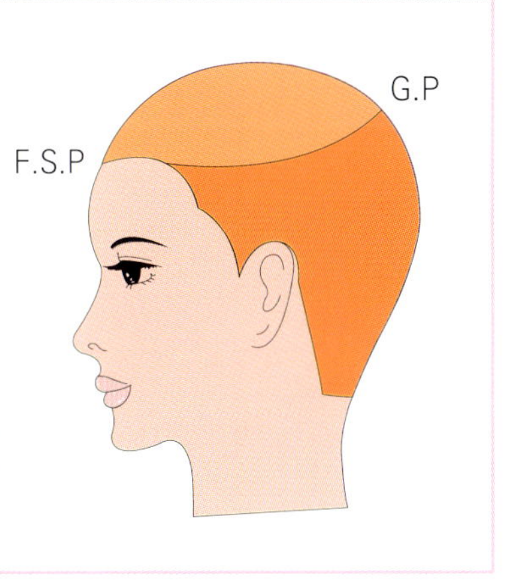

4) 앞머리 블로킹

(1) F · S · P~T · P~반대편 F · S · P를 연결하여 나눈 블로킹
(2) 숏 커트나 앞머리 표정을 강조할 때 사용
(3) 뒷머리와 별개의 스타일을 만들 때 사용

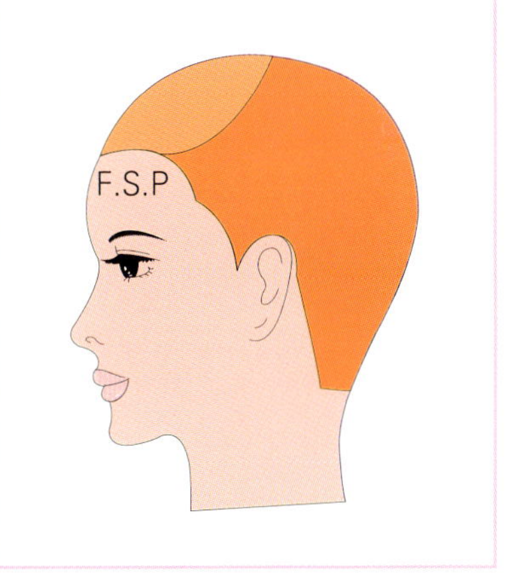

5) 라운드 블로킹(Round blocking)

(1) C · T · M · P~B · P까지 양쪽 모두 연결하여 둥글게 만들 블로킹
(2) 형태선이 중요한 스타일이거나 모질이 강한 경우, 인크리스 레이어에 사용
(3) 긴 머리의 경우, 모발이 너무 길어 선을 만들기 어려울 때, 아랫부분을 먼저 형태선을 만들고 난 후 윗부분을 원하는 층을 내고자 할 때 사용

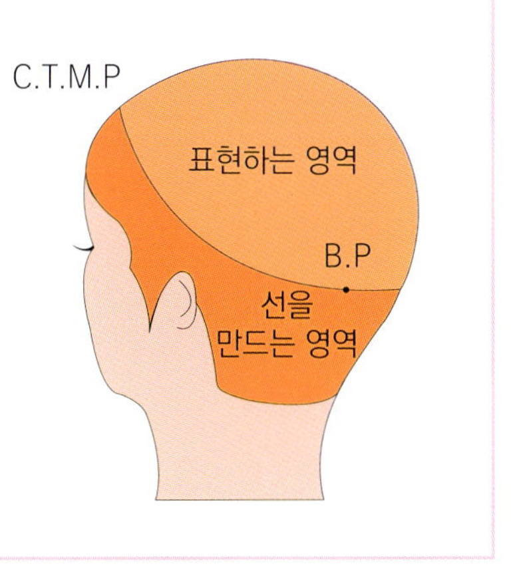

6) ㅅ자형 블로킹

(1) 라운드 블로킹 후 앞머리 영역을 만들기 위하여 측면에서 F · S · P와 연결한 블로킹
(2) 인크리스 레이어나 아웃컬을 만드는 스타일에 사용
(3) 커트 스타일을 할 때 앞머리의 스타일을 강조할 때 사용

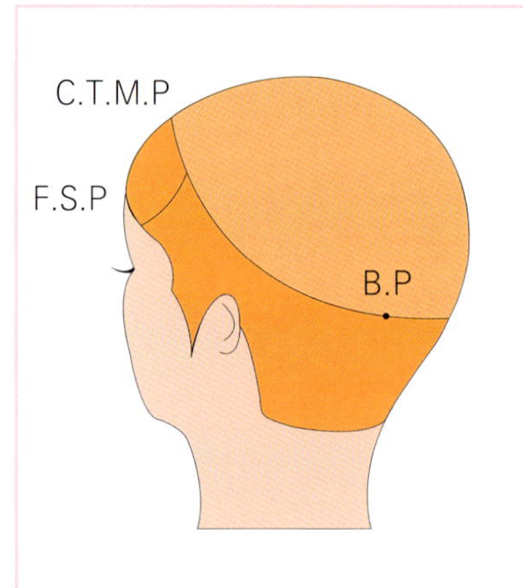

7) 센터 블로킹(Center blocking)

(1) 정중선으로 나눠 좌 · 우 2등분 블로킹
(2) 평행보브, 상고 스타일, 그래쥬에이션 커트 시에 사용
(3) 일시적 헤어스타일링 시에도 사용

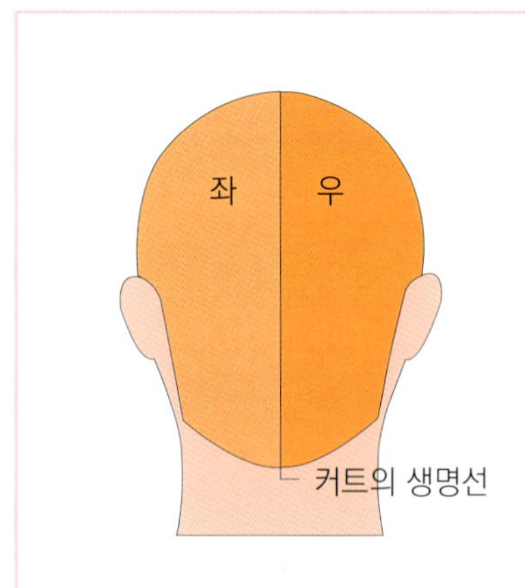

8) T 존 블로킹(T zone blocking)

(1) C · T · M · P~G · P를 둥글게 연결하여 나눈 블로킹
(2) 숏 커트나 남자머리 커트 스타일에 질감표현을 할 때 사용
(3) T 존 부위는 대체로 모량이 적고, 모류가 누워 있으므로 모류의 반대방향으로 질감처리

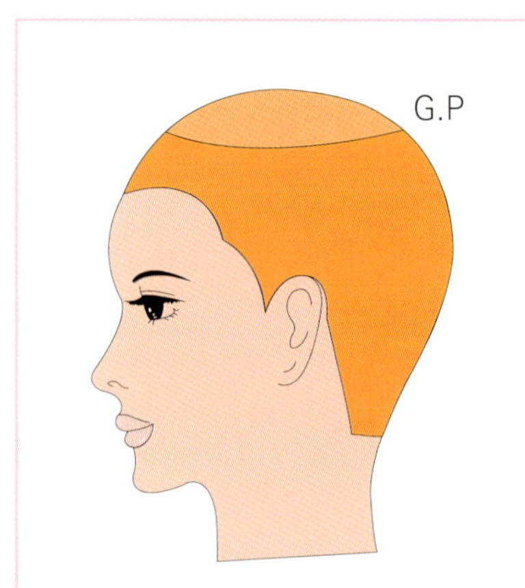

8. 질감(Texture)처리

학습 목표
- 질감처리의 종류와 특징을 알 수 있다.
- 질감처리의 종류에 따른 효과를 알 수 있다.
- 질감처리 하는 방법을 알 수 있다.
- 질감처리에 따른 실루엣과 형태선(outline)의 변화를 알 수 있다.

질감처리는 커트가위, 틴닝가위, 레이져 등의 도구를 사용하여 모발을 원하는 만큼 쳐내기 하는 것을 말하며, 그에 따라 양감조절, 질감조절이 가능하다. 헤어 커트에서 형태를 변화시키는데 크게 영향을 미치지는 않으나, 헤어스타일에 방향성과 움직임을 주고자할 때와 무게감과 볼륨감을 조절할 때 사용한다.

1) 틴닝 가위(Thinning scissors)

(1) 루트틴닝(Roots thinning) : 모류보정

① 모발 뿌리 부분에 모발의 밀도가 높은 경우 모량을 줄일 때 사용
② 모류가 강한 경우 방향을 보정하기 위해 솎아내는 방법
③ 모근 쪽 0.5 cm 이하에서 커트

(2) 이너 틴닝(Inner thinning) : 골격보정

① 이너 그래쥬에이션 틴닝

㉠ 볼륨과 입체감을 만들 때 사용하는 기법
㉡ 골격이 들어간 부분 볼륨을 주기 위한 양감조절 할 때 사용
㉢ 표면은 매끄럽게 두고 모량을 줄일 때 사용
㉣ 길이 3~8 cm에서는 모발이 일어서려는 성질을 이용해 볼륨효과
㉤ 길이 10~15 cm에서는 안말음 C컬 효과

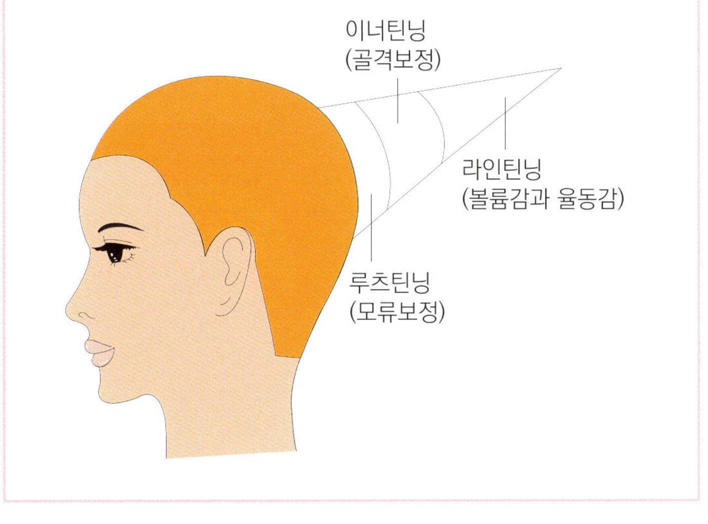

② 이너 레이어 틴닝

㉠ 양감과 모량을 줄일 때 사용
㉡ 움직임을 만들 때 사용
㉢ 골격이 튀어나온 부분을 커버할 때 사용
㉣ 겉마름의 효과

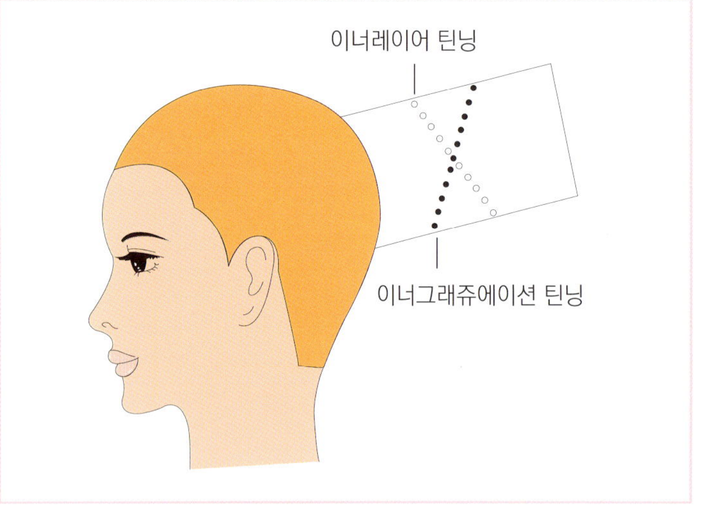

(3) 라인 틴닝(Line thinning) : 볼륨과 움직임을 표현할 때

① 모발끝 1/3지점에 공간을 만들어 다발느낌을 표현하는 틴닝 방법
② 짧게 시작하는 쪽에 따라 구분
㉠ 사이드 틴닝은 좌·우 움직임에 사용
㉡ 오버 틴닝은 질감처리와 뻗친 스타일과 아웃 컬(out curl)을 원할 때 사용
㉢ 언더 틴닝은 볼륨과 인 컬(in curl)을 원할 때 사용

질감처리를 해놓은 상태의 헤어스타일

9. 커트 시의 주의사항

커트 시의 주의사항은 커트 전에 고려해야 할 사항과 본 작업시인 커트 시에 주의할 사항으로 구분할 수 있다.

1) 커트 전에 고려해야 할 사항

① 첫인상의 파악

고객의 처음 내점 시에 헤어스타일이나 서 있을 때의 전체적 느낌 등을 기억해 둔다. 고객이 이미지를 바꾸기 원하지 않는다면 대체로 이때의 스타일이 기본이 된다.

② 소재의 파악

모발의 상태, 모량, 두상의 구조, 이마의 형태, 얼굴형, 목의 두께, 신장 등이 스타일 선정에 중요한 요인이다. 건조된 머리의 자연 상태로서의 머리흐름, 모질의 상태, 볼륨감 등을 시진, 문진, 촉진을 통하여 진단한다.

③ 욕구(needs)의 파악

고객에게 희망하는 스타일, 좋아하는 것, 특별히 싫어하는 스타일 등을 묻고, 고객 희망사항을 신중하게 듣고 헤어디자인에 반영한다.

④ 원하는 헤어스타일 가능 유무

고객이 원하는 헤어스타일이 가능한지, 잘 어울리는지, 펌, 컬러링, 트리트먼트 등이 필요한지 등을 체크하여 조언한다.

⑤ 스타일 결정

길이, 넓이, 높이와 방향성(사선, 수평, 수직), 모발의 움직임, 무게 등이 스타일 결정에 중요한 요인이 된다.

⑥ 고객 분석에 의한 개성연출

고객의 패션에 대한 의식, 연령, 성격, 라이프스타일(직장, 매일하는 헤어스타일, 홈 케어 방법 등), 환경 등 전체적인 균형을 고려한다.

⑦ 신체상의 장 · 단점 유무를 파악하여 커트디자인에 반영한다.

고객과의 부담 없는 대화중에서 위의 사항을 체크하고 공감(communication)이 될 수 있도록 노력한다. 디자이너는 고객에게 정직하고 솔직한 의견을 얘기하도록 하며, 고객의 피부와 옷을 보호하는 등의 배려는 미용인의 책임중 하나이다. 그리고 커트 보를 두를 때와 거두어 낼 때는 고객이 거슬리지 않도록 최소한의 동작으로 행해져야 한다.

2) 커트 시의 주의사항

① 샴푸를 한 후 커트를 진행한다.
② 올바른 가위나 레이져의 조작을 하여야한다. 잘못된 조작은 모발손상의 원인이 된다.
③ 모발이 어디로 떨어져 내려오는가를 확인하고 빗질한다. 모발방향의 흐름을 거스르지 않아야 한다.
④ 이마, 옆선, 가르마, 네이프 라인(nape line), 가마자리 등 모발의 성장방향을 파악한다.
⑤ 원하는 헤어스타일에 따라 가이드(guide) 길이를 어느 선까지 자를 것인지 정한다.
⑥ 두부의 골격, 구조와 형태를 파악하여 볼륨이나 낮춤으로 보정한다.
⑦ 슬라이스(slice)의 선에서 빗을 넣어 모발단이 가지런하게 빗겨질 정도의 균일한 텐션(tension)으로 커트하여야 한다.
⑧ 커트할 모발단을 너무 많이 잡지 않는다.
⑨ 젖은 상태의 커트에서는 말랐을 때의 길이, 형, 방향으로 될 것이라는 이미지와 스타일링을 예상하고 커트하여야 한다.
⑩ 모발에 수분을 골고루 유지한다.
⑪ 표현하는 디자인에 따라 길이, 양, 탄력 등의 통제가 필요하다. 그러므로 틴닝가위나 레이져를 병용하여 사용한다.
⑫ 커트 시에 고객 안전사고에 주의한다.

Chapter 4

커트의 개요

1. 커트의 형태에 따른 분류와 특징

학습목표

- 기초 커트의 종류를 알고 구분할 수 있다.
- 원랭스 커트의 종류와 그 특징을 알 수 있다.
- 그래듀에이션 커트의 종류와 그 특징을 알 수 있다.
- 레이어 커트의 종류와 그 특징을 알 수 있다.

헤어미용에서 커트는 헤어스타일의 기초과정이 되며, 아름다운 스타일링을 위하여 정확한 커트기술이 요구된다. 이러한 헤어 커트의 정의를 살펴보면 다음과 같다.

헤어 커트란 자를 수 있는 도구를 사용하여 모발을 자르는 행위로서 헤어스타일을 결정하는 기초과정이 되며, 모발의 길이나 형태 등의 머리모양에 변화를 주는 것이다. 더불어서 숱을 정비하고 단순하게 자르는 것에 그치지 않고 인체의 외적 특징과 심미적 상태까지를 고려하여 마무리 짓는 것이다.

기초 커트(Basic cut)의 종류는 대표적으로 원렝스 커트(One length cut), 그래쥬에이션 커트(Graduation cut), 레이어 커트(Layer cut)로 분류할 수 있다. 이것은 헤어 커트에서 가장 기본이 되는 기초 커트를 헤어 커트 시의 시술각도로 구분한 것이다. 복잡한 헤어컷 디자인이라 하더라도 이 3가지 베이직 구조로 모두 이해할 수 있으며, 분석이 가능하다.

1) 원랭스 커트(One length cut)

원랭스 커트는 솔리드 커트(Solid cut)라고도 한다. 전체에 단차가 없으면서 일직선상에서 같은 길이가 되는 스타일이다. 이것은 스파니엘 커트(Spaniel cut), 평행 보브 커트(Parallel bob cut), 이사도라 커트(Isadora cut), 머쉬룸 커트(Mushroom cut) 등이 있다. 이는 형태선(Out line)의 모양에 따라 명명되어졌으며, 커트된 전체의 형태면에 단차가 없으므로 인해 끊어짐이 없어 매끄러우며 모발 길이의 변화로 다양한 커트 스타일을 만들 수 있다.

(1) 스파니엘 커트(Spaniel cut)

① 앞내림형으로 형태선이 컨케이브(concave)
② 자연 시술각도 0°로 떨어진 일직선상에서 같은 길이
③ 커트선이 앞쪽으로 갈수록 길어지게 내려간 스타일
④ 층(단차)이 없다.

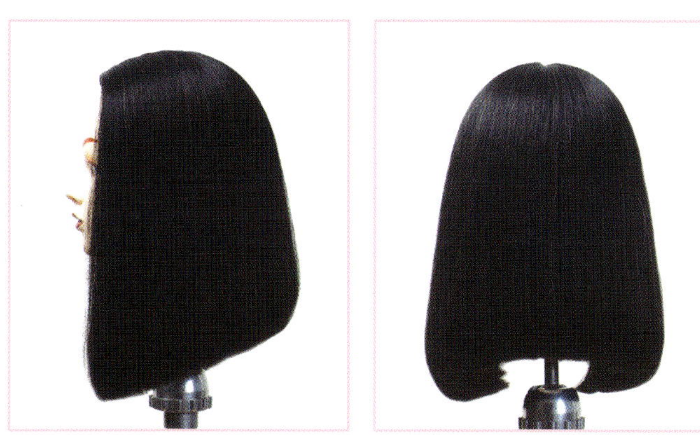

(2) 평행 보브 커트(Parallel bob cut)

① 스트레이트 밥 커트(Straight bob cut)라고도 한다.
② 커트된 형태선이 바닥면과 수평으로 일직선인 스타일
③ 자연 시술각도 0°로 커트
④ 층(단차)이 없다.

(3) 이사도라 커트(Isadora cut)

① 앞올림형으로 형태선이 컨벡스(convex)
② 자연 시술각도 0°로 떨어진 일직선상에서 같은 길이
③ 커트된 형태선이 앞쪽으로 갈수록 짧아져 올라가 둥글게 U라인을 형성하는 스타일
④ 층(단차)이 없다.

(4) 머쉬룸 커트(Mushroom cut)

① 양송이 버섯형이라고도 한다.
② 자연 시술각도 0°로 커트
③ 커트된 형태선이 짧은 앞머리와 뒷머리의 네이프 라인까지 연결된 스타일
④ 급격한 U라인 또는 V라인 형성하는 스타일
⑤ 층(단차)이 없다.

2) 그래쥬에이션 커트(Graduation cut)

그래쥬에이션은 두상골격에 대해서 아래가 짧고 위가 길게 자른 것을 말하며, 점진적으로 머리길이에 단차를 붙여서 변화를 주는 커트 방법이다. 그래쥬에이션은 시술각도에 따라 로우 그래쥬에이션(Low graduation), 미디엄 그래쥬에이션(Medium graduation), 하이 그래쥬에이션(High graduation)으로 분류한다.

커트를 디자인할 때 길이, 선, 베이스, 시술각도를 서로 조합하여 다양한 커트 스타일 창작이 가능하며, 얼굴형이나 후두부형의 단점을 보완하고 보정할 수 있는 헤어컷 디자인이 가능하다.

▶ 특징

① ㎜의 미세한 커트선이 붙여진 상태이다.
② 아래가 짧고 위쪽이 길어진다.
③ 시술각도로 길이를 정하여 간다.
④ 낮은 커트 층(단차)으로 무거운 느낌이다.
⑤ 층(단차)이 적음으로 인한 모발 겹쳐짐에 의한 볼륨이 입체적으로 나타난다.
⑥ 인 레이어이다.
⑦ 가로로 확장되어 보인다.

(1) 로우 그래쥬에이션(Low graduation)

① 일반 시술각도(두상 시술각도) 1°(0° 이상)~40° 이하
② 무거운 층의 스타일
③ 약간의 무게선과 볼륨이 생겨 입체적
④ 낮은 시술각도가 낮은 층(단차)의 경사선을 만든다.
⑤ 커트된 머릿결이 적게 보인다.
⑥ 모발이 겹쳐진 곳에 무게선이 만들어진다.

(2) 미디엄 그래쥬에이션(Medium graduation)

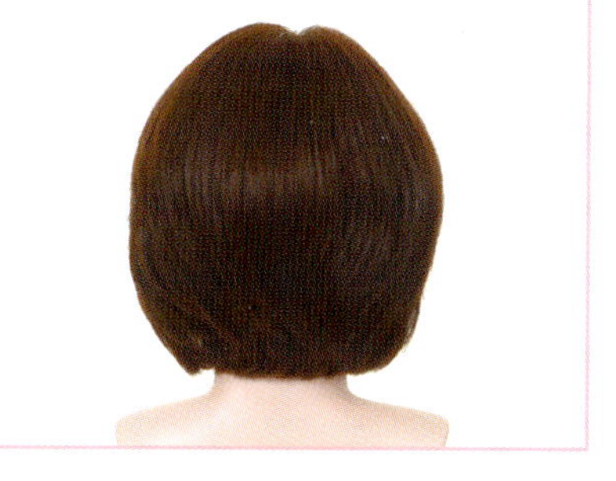

① 일반 시술각도(두상 시술각도) 45°±5°(40°~50°)
② 중간정도 층의 무게와 볼륨감
③ 중간층의 경사선이 만들어진다.
④ 커트된 머릿결의 보이는 부분이 로우 그래쥬에이션보다 많다.
⑤ 모발이 겹쳐진 곳에 선명한 무게선이 만들어진다.

(3) 하이 그래쥬에이션(High graduation)

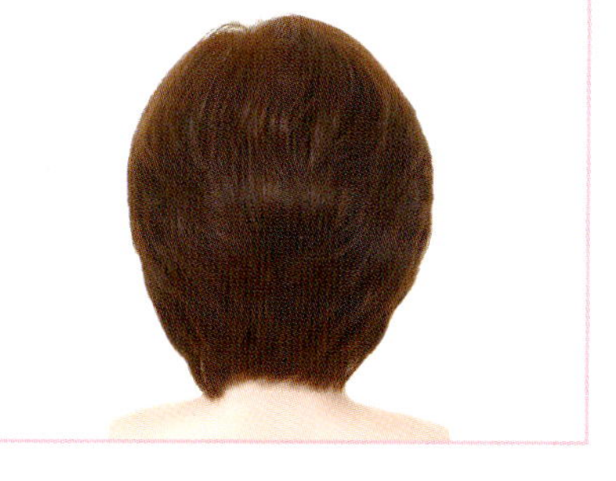

① 일반 시술각도(두상 시술각도) 50° 이상~90° 이하
② 무게는 적어지고 볼륨감이 커진다.
③ 높은 층의 경사선을 만들어진다.
④ 커트된 머릿결의 보이는 부분이 점차적으로 많아진다.
⑤ 모발이 겹쳐진 곳에 볼륨이 만들어진다.

3) 레이어 커트(Layer cut)

레이어는 두상골격에 대해서 아래가 길고 위가 짧게 되도록 자른 것을 말하며, 두발의 길이에 많은 단차를 주어 커트하는 방법이다. 보통 두발을 두피로부터 90° 이상 들어 올려 커트하며, 짧은 머리나 긴머리 스타일에 두루 사용할 수 있어 그 응용범위가 넓다. 레이어는 커트시의 시술각도에 따라 유니폼 레이어(Uniform layer, Same layer)와 인크리스 레이어(Increase layer, High layer)로 구분된다. 커트를 디자인할 때 길이, 선, 베이스, 시술각도를 서로 조합하여 다양한 커트 스타일 창작이 가능하며, 두상과 얼굴형의 단점을 보완하고 보정할 수 있는 헤어컷 디자인이 가능하다.

▶ 특징

① 아래가 길고 위쪽으로 올라갈수록 짧아진다.
② 커팅라인과 시술각도가 길이를 정하여 간다.
③ 일반 시술각도(두상 시술각도) 90° 이상이다.
④ 큰 층(단차)이 나며 이로 인해 가볍다.
⑤ 모발끝이 표면으로 드러나 거친 느낌이다.
⑥ 움직임과 흐름이 자유롭다.
⑦ 아웃 레이어이다.
⑧ 세로로 흐르는 느낌이 강하다.

(1) 인크리스 레이어(Increase layer)

① 하이 레이어(High layer)라고도 한다.
② 아래가 길고 위쪽으로 갈수록 짧아지는 스타일
③ 일반 시술각도(두상 시술각도) 90° 이상
④ 커팅라인과 시술각도가 길이를 정해가는 스타일
⑤ 전체적으로 큰 층(단차)이 난다.
⑥ 가볍고 거친 느낌과 세로로 확장되어 보인다.

(2) 유니폼 레이어(Uniform layer)

▶ 특징

① 두상에 따라서 일정한 길이로 커트한다.
② 정확하게 커트하는 방법은 두상의 곡면을 알아야 한다. 곡선이 심한 부분은 본인도 모르는 사이에 각도가 틀어져 버린다.
③ 두상에서 일정한 길이로 커트 하며, 길고 짧음에 따라 스타일이 변화한다.
④ 스카랩 상태를 최소화 시켜야 한다.
⑤ 모발의 잘린 단면이 보이고, 두상의 생긴 모양의 연장이다.
⑥ 머리전체를 두피와 평행하게 90。로 끌어내어 온더베이스 커트를 하면 곡면과 연장된 헤어스타일을 만들 수 있다. 하지만 두상이 곡면체이기 때문에 올바른 위치에서 올바른 자세로 커트를 했을 때 원하는 스타일을 만들 수 있다.
⑦ 패널(panel)을 두피에서 수평으로 끌어내어 커트
⑧ 12 cm 미만의 경우 두형이 그대로 표현되며 그보다 길어지게 되면 두상모양이 드러나는 형태와 같이 되지 않는다.

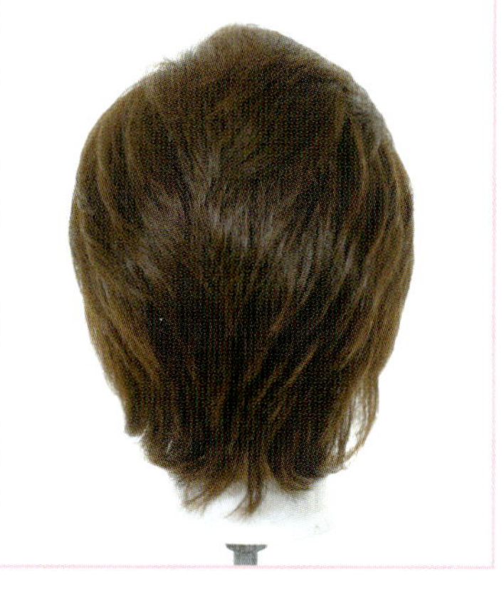

4) 미용실 현장에서 필요한 커트의 기본형

두상은 하나의 곡면체이다. 튀어나온 곳이 있는가 하면 함몰되어 있는 곳도 있다. 커트의 형태를 만들때 가장 중요한 것은 이 하나의 곡면체를 곡면과 상관없이 외형상 보여지는 실루엣을 얼마나 표현할 수 있는가가 제일 중요하다. 예를 들면 10 cm 길이로 자르고 싶을 때 튀어나온 곳은 길이가 짧고 함몰되어 있는 곳은 함몰된 것 만큼 길어지는 길이와 10 cm가 추가된다. 그러면 함몰된 만큼 머리길이가 길어 질 것이다. 헤어 커트에서는 어디를 얼마나 남기고 얼마나 도려낼 것인가를 결정하여 스타일을 만들게 된다.

이와 같이 외형상 떨어지는 커트의 형태에 따라 솔리드, 그래쥬에이션, 인크리스레이어, 유니폼 레이어 커트의 기본형을 알아보기로 하자.

솔리드 (Solid)	그래쥬에이션 (Graduation)	인크리스 레이어 (Increase layer)	유니폼 레이어 (Uniform layer)
· 모든 길이가 한 레벨에 떨어진다. · 잘린 머리끝이 보이지 않는다. · 무게감이 최대이다. · 언엑티베이트 (unactivate)	· 아래쪽에서 위쪽으로 갈수록 길이가 길어진다. · 릿지라인, 무게선이 시술각에 의해 결정된다. · 끝부분이 서로 쌓인 듯 보인다. · 볼륨을 주는 커트이다(입체적으로 보임). · 엑티베이트(activate) + 언엑티베이트(un-activate)	· 겹쳐서 쌓아올리는 의미를 갖는다. · 윗머리는 짧고 아래로 내려감에 따라 길게 된다. · 컷팅라인으로 길이를 정하여 간다. · 가벼운 느낌이 된다. · 시술각에 따라 무게감이 달라진다.	· 무게감이 없다. · 두상의 곡면과 동일한 길이로 커트한다(길이의 연장선). · 커트의 기본이라고 한다(베이직 레이어). · 긴 길이일 때는 두상의 생긴 모양이 표현되지 않는다. · 커브가 진 부분은 베이스를 조심한다.
· 직선사용 · 강하고 분명함 · 스포티한 느낌	· 직, 곡선의 장점을 혼합 · —, ∩ 곡선	· U곡선 · 여성스러움 · 부드러움 · 율동적인 느낌으로 로맨틱한 스타일	· U곡선 · 두상의 곡면의 연장선

제2부
실 습

Chapter 1

기초커트 (국가미용사자격증시험기준)

1. 스파니엘 커트(Spaniel cut)

학습 목표

- 스파니엘 커트의 특징을 알 수 있다.
- A 라인의 효과를 알고 적용할 수 있다.
- 자연 시술각도 0°를 알며, 시술할 수 있다.
- 스파니엘 커트를 할 수 있다.

1) 커트 구성요소

(1) 길이 : 네이프 포인트에서 8~9 cm 내외
(2) 슬라이스 라인 : A 라인
(3) 베이스 : 슬라이스 라인과 평행
(4) 시술각도 : 자연 시술각도 0°
(5) 질감처리 : 없음

2) 도해도

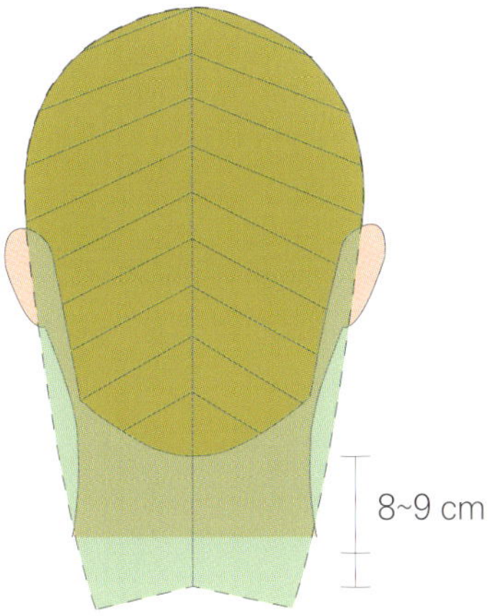

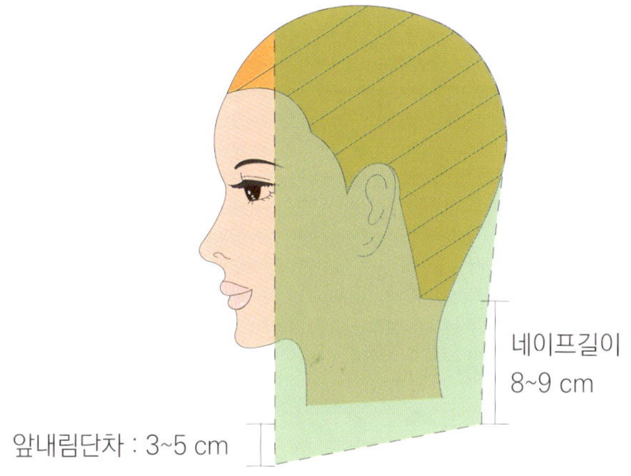

0° 커트로서 뒷길이 보다 앞 길이가 긴 style이며 단위는 3~4 cm(앞내림형)이다. 빗질을 다하고 난 뒤 도구 정리하고 머리카락도 정리한다. 정리정돈과 청결은 미용인으로서 갖추어야 할 필수조건이다.

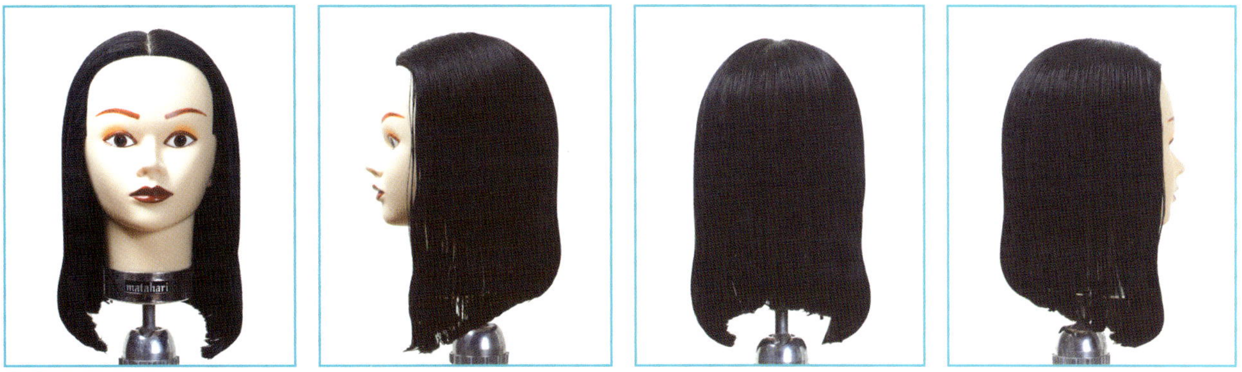

블로킹을 시술해 놓은 상태

블로킹 시술순서

① 모발에 물을 충분히 도포한 후 브러쉬로 곱게 빗질한다.
② C.P에서 시작하여 좌우를 나눈 후 곱게 빗질하여 핀셋으로 모발을 정리한다.
③ T.P에서 E.P로 블로킹을 나눈 후 곱게 빗질하여 핀셋으로 모발을 정리한다.

* 커트의 기본선을 분명하게 시술하기 위하여 블로킹을 정확히 탄다.

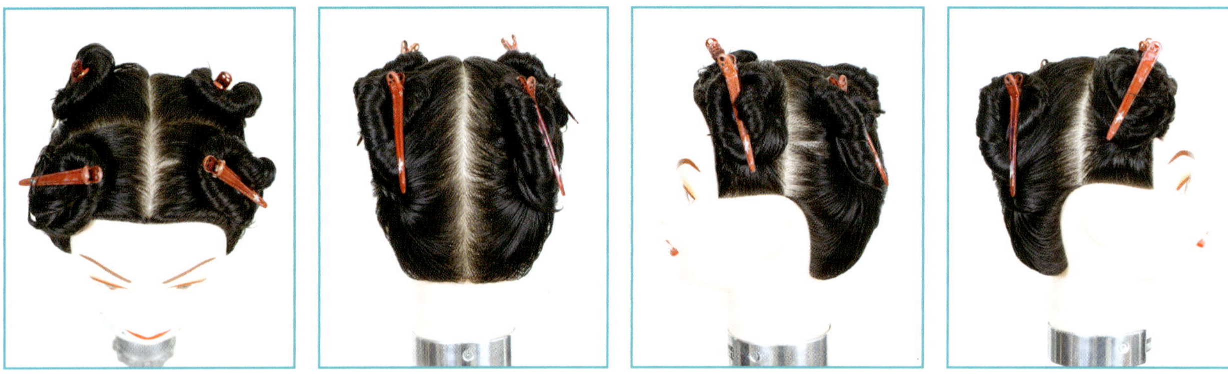

3) 시술방법

1. 4등분 블로킹을 나눈 후 A라인으로 나누어 놓은 상태

2. A라인 슬라이스와 손가락이 평행하게 잡는다.

3. 반대편도 슬라이스와 동일한 전대각으로 빗질한다.

4. 전대각으로 빗질한 모발을 손가락도 동일한 방법으로 잡고 시술한다.

5. 전대각 슬라이스와 동일한 방법으로 빗질한다.

6. 전대각으로 빗질한 모발을 손가락도 동일한 방법으로 잡고 시술한다.

7. 왼쪽부분도 슬라이스 라인과 평행하게 0°로 빗질한다.

8. 전대각 슬라이스와 평행하게 커트한다.

9. 전대각 슬라이스와 평행하게 빗질한다.

10. 전대각 슬라이스와 평행하게 커트한다.

11. 빗질을 곡면따라 하고 슬라이스와 평행하게 커트한다.

12. 슬라이스 라인과 평행하게 커트한다.

2. 평행 보브 커트(Parallel bob cut)

학습목표

- 평행 보브 커트의 특징을 알 수 있다.
- 평행 라인의 효과를 알고 적용할 수 있다.
- 자연 시술각도 0°를 알며, 시술할 수 있다.
- 평행 보브 커트를 할 수 있다.

1) 커트 구성요소

(1) 길이 : 네이프 포인트에서 8 cm 내외
(2) 슬라이스 라인 : 평행선(Parallel line)
(3) 베이스 : 슬라이스 라인과 평행
(4) 시술각도 : 자연 시술각도 0°
(5) 질감처리 : 없음

2) 도해도

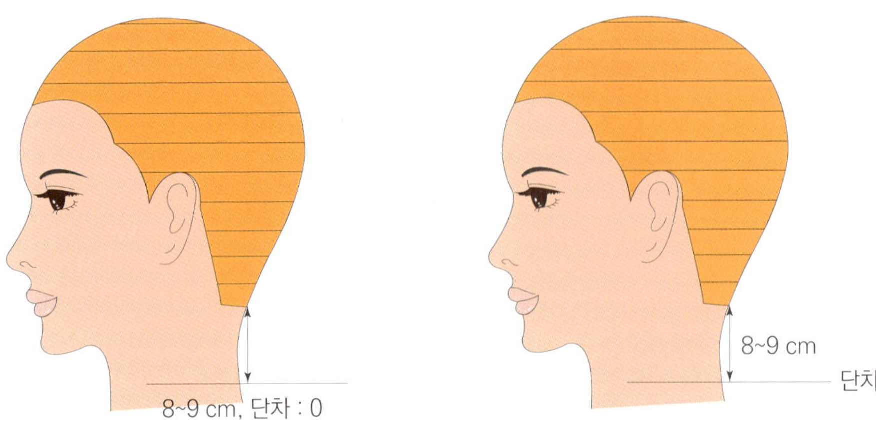

자연시술각 0°로 일직선으로 시술한다.

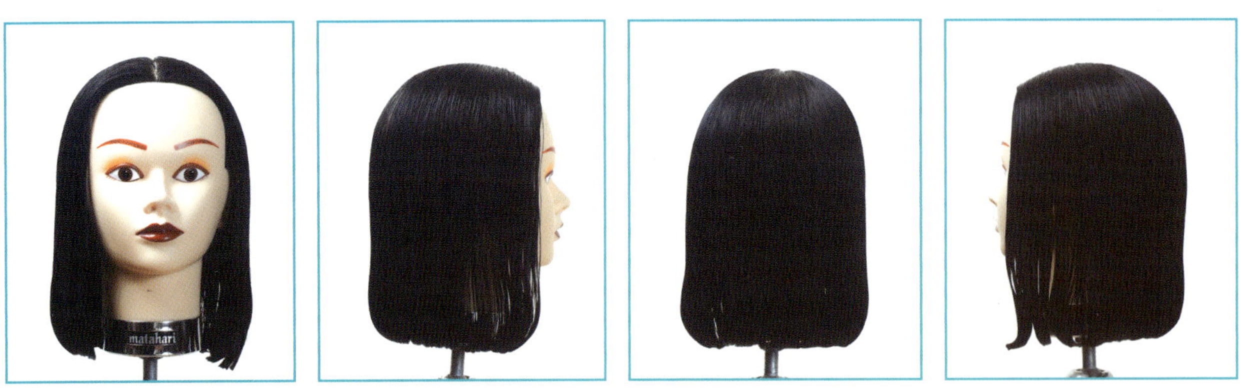

블로킹을 시술해 놓은 상태

블로킹 시술순서

① 모발에 물을 충분히 도포한 후 브러쉬로 곱게 빗질한다.

② C.P에서 시작하여 좌·우를 나눈 후 곱게 빗질하여 핀셋으로 모발정리한다.

③ T.P에서 E.P로 블로킹을 나눈 후 곱게 빗질하여 핀셋으로 모발을 정리한다.

* 커트의 기본선을 분명하게 시술하기 위하여 블로킹을 정확히 탄다.

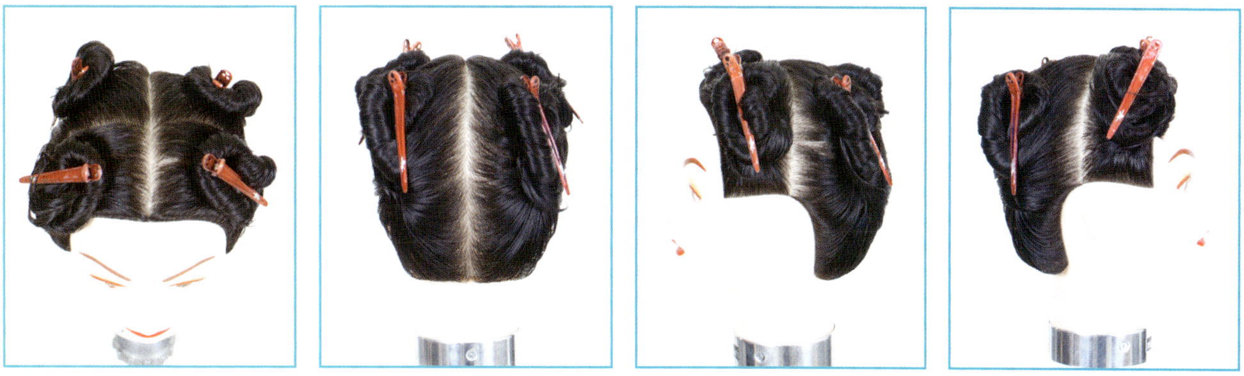

3) 시술방법

1. N.P에서 8~9 cm를 가이드로 하여 자연시술각 0°에서 가운데 손가락이 보이지 않게 판넬을 잡는다.

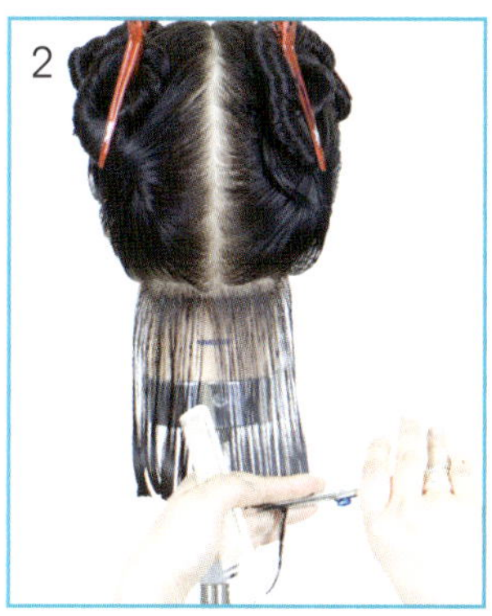

2. 반대편도 동일한 방법으로 시술한다.

3. 다음 판넬을 뜬다.

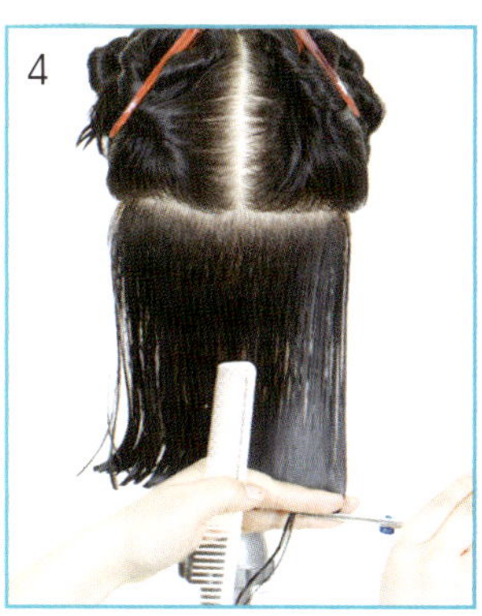

4. C.L에 맞추어서 오른쪽도 일직선으로 시술한다.

5. 다음 시술부터는 곡면을 따라 파팅을 나눈다.

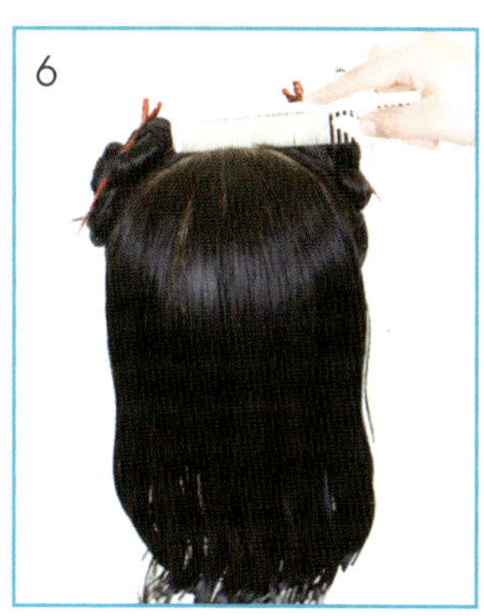

6. 곡면의 이곳은 모발이 떨어진 형태대로 방사형으로 빗질하여 시술한다.

7. 이어투이어라인(ear to ear line)에서 1.5 cm 모발을 뜨고 뒷부분에서 가이드를 찾아 텐션을 주지 않고 자연스럽게 빗질된 상태에서 커트한다.

8. 가이드에 맞추어서 자연시술각 0°로 시술한다. 이때 손가락이 일직선이다.

9. 사이드 표면은 곱게 빗질하여 빗과 손이 내려와 정리하면서 완성한다.

10. 반대편 사이드의 판넬을 뜬다. 사이드 시술 시 주의사항 : 귀가 튀어 나오고 모류도 맨밑에서는 역행하므로 이곳에 빗질은 고운살보다 얼레살이 좋고 텐션없이 빗질하여 커트해야 한다.

11. 수평섹션으로 0°로 빗어내려 E.B.P에서 뒤쪽 1 cm에서 가이드를 찾아서 일직선으로 커트한다.

12. 곡면을 따라 빗질하며 손가락이 따라 가면서 모발의 판넬을 잡고 일직선으로 시술한다.

3. 이사도라 커트(Isadora cut)

학습 목표

- 이사도라 커트의 특징을 알 수 있다.
- V 라인의 효과를 알고 적용할 수 있다.
- 자연 시술각도 0°를 알며, 시술할 수 있다.
- 이사도라 커트를 할 수 있다.

1) 커트 구성요소

(1) 길이 : 네이프 포인트에서 8~9 cm 내외
(2) 슬라이스 라인 : V 라인
(3) 베이스 : 슬라이스 라인과 평행
(4) 시술각도 : 자연 시술각도 0°
(5) 질감처리 : 없음

2) 도해도

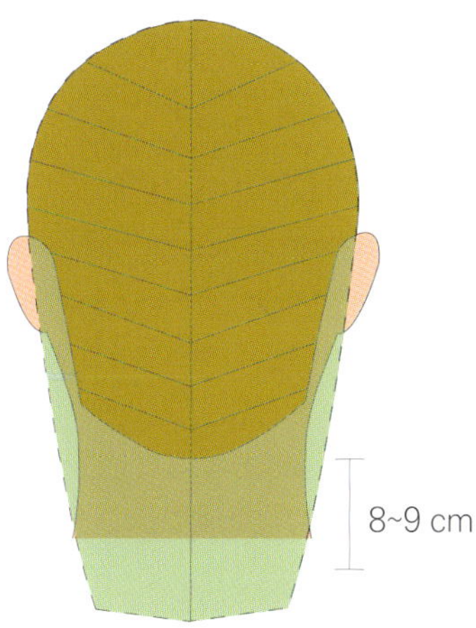

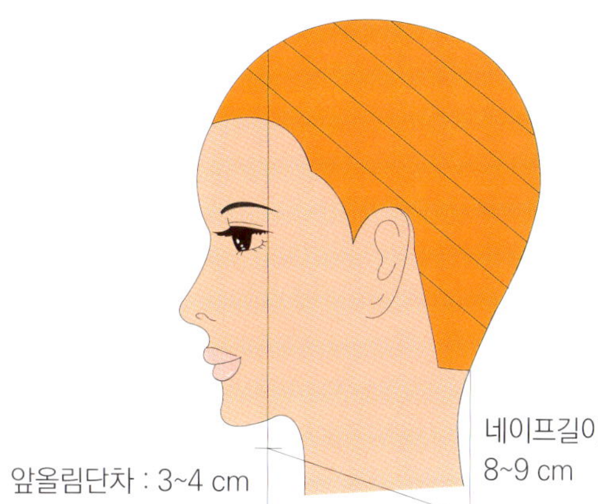

0° 컷으로서 앞길이 보다 뒷길이가
긴 스타일이며 단위는 3~4 cm(올림형)이다.

블로킹을 시술해 놓은 상태(4등분)

블로킹 시술순서

① 모발에 물을 충분히 도포한 후 브러쉬로 곱게 빗질한다.

② C.P에서 시작하여 좌우를 나눈 후 곱게 빗질하여 핀셋으로 모발을 정리한다.

③ T.P에서 E.P로 블로킹을 나눈 후 곱게 빗질하여 핀셋으로 모발을 정리한다.

* 커트의 기본선을 분명하게 시술하기 위하여 블로킹을 정확히 탄다.

3) 시술방법

1. N.P에서 8~9 cm로 가이드를 설정하여 일직선으로 시술한다.

2. 손가락을 사선으로 하고 U라인을 시술하며 앞이 위로 살짝 올라가도록 시술한다. 선-정중선 기준선은 nape에서 8~9 cm이고 각도는 0°이며 단차가 3~4 cm(앞올림 형이다) 정중선 2 cm, 결 대로 빗겨 직선 커트한다. 이때 손가락은 항상 직각이 되게 한다. 각도는 0°로 하여 자른다.

3. 먼저 중심부에서 가이드를 시술하고 손가락은 곡면을 따라 사선으로 빗질한다.

4. 4선부터는 슬라이스흐름이 완만해진다. 가이드라인에 맞추어가면서 시술한다.

5. 반대쪽도 동일한 방법으로 시술한다.

6. 크라운 부위부터는 모발이 자연스럽게 흐르는 방향으로 빗어서 가이드라인에 맞추어서 시술한다.

7. 사이드 커트시 귀가 튀어 나와 있고 이곳의 모류는 역행하므로 텐션을 주지 말고 얼레살로 자연스럽게 빗어내려 밑가이드에 맞추어 커트한다.

8. 슬라이스와 빗을 동일하게 대고 시술을 위한 준비를 한다.

9. 앞머리와 뒷머리 사이를 연결하기 위해 빗질한다.

10. 이때 가운데 손가락이 보이지 않게 손가락도 0°로 시술한다.

11. 슬라이스와 손가락이 평행하게 하여 후대각으로 시술을 하기 위해 판넬을 잡는다.

12. 앞과 뒤의 연결되지 않는 부분을 다시 한 번 판넬을 잡고 커트한다.

4. 그래쥬에이션 커트(Graduation cut)

학습목표

- 그래쥬에이션 커트의 특징을 알 수 있다.
- 자연 시술각도 45°를 알며, 시술할 수 있다.
- 그래쥬에이션 커트를 할 수 있다.

1) 커트 구성요소

(1) 길이 : 네이프 포인트에서 8 cm 내외
(2) 슬라이스 라인 : 평행선(Parallel line)
(3) 베이스 : 온 더 베이스 + 오프 더 베이스
(4) 시술각도 : 자연 시술각도 45°
(5) 질감처리 : 없음

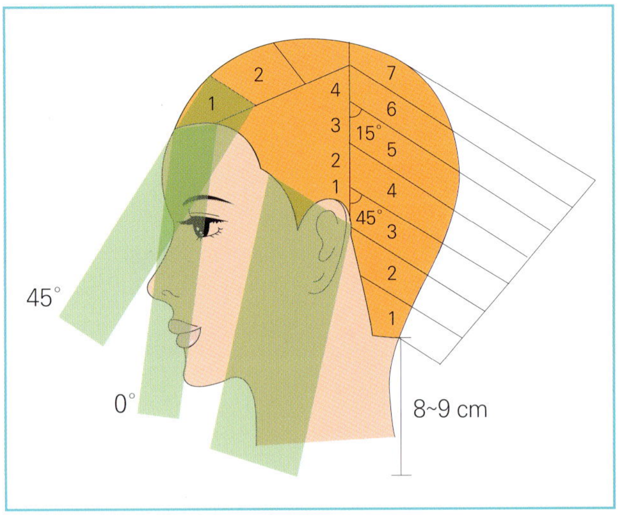

2) 도해도

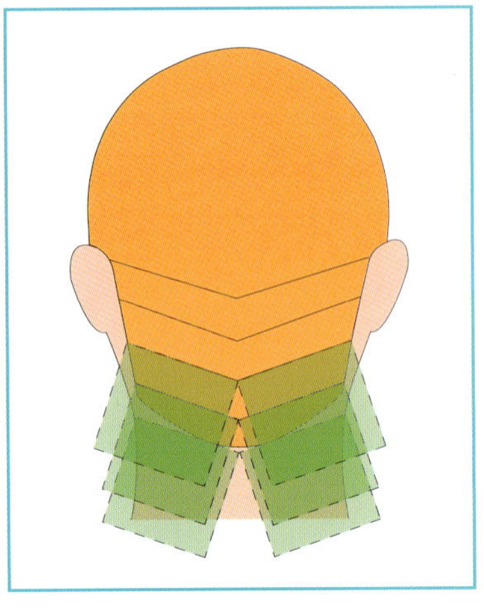

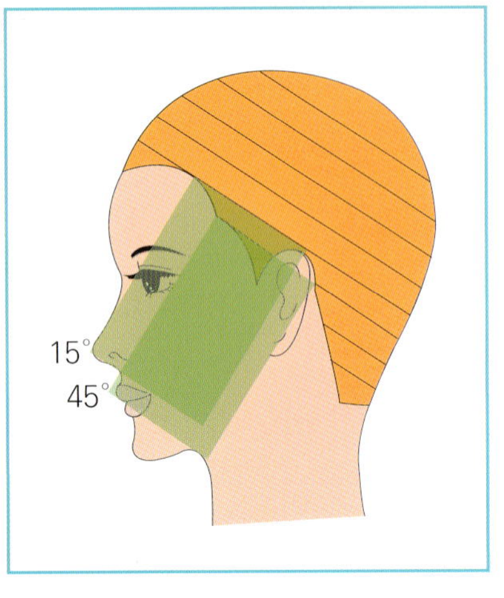

Blocking(5등분)

Center를 중심으로 양쪽 2.5 cm~3 cm씩 정하여 분류 한뒤 뒤로 5~6 cm 정하여 다발 처리한 후 앞에서 뒤로 핀셋 처리한다.

Top blocking의 중앙에서 내려온 다음 바깥쪽에서 안쪽으로 빗질하고 정중선 쪽과 가이드라인 쪽 똑같이 3 cm 직선 슬라이스한다.

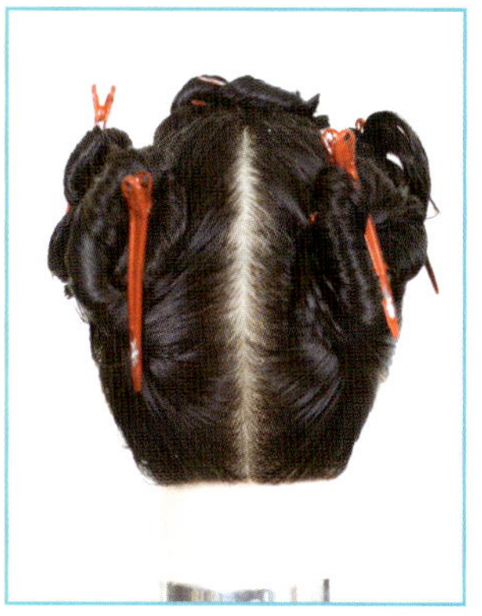

3) 시술방법

1. 네이프에서 45°로 시술한다.

2. U자형으로 슬라이스를 뜨고 첫 번째 길이 가이드에 맞추어서 45°로 시술한다.

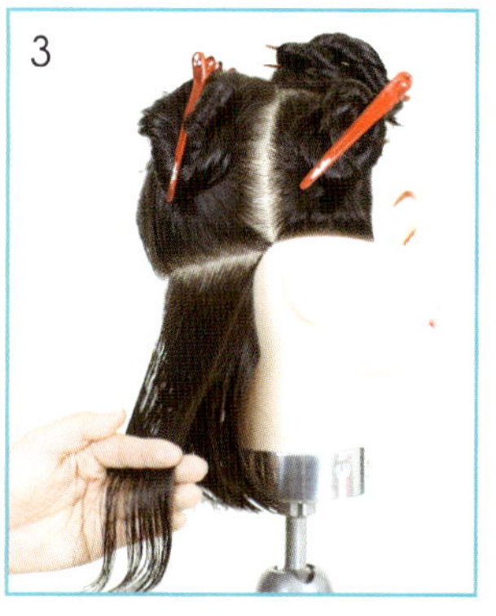

3. 오른쪽도 왼쪽과 동일하게 시술한다.

4. 중심부에 맞추어서 사이드도 시술한다.

5. 방사형으로 빗어 내리기 위해 빗을 댄다.

6. 슬라이스와 손가락을 평행하게 시술한다.

7. 훼이스라인은 약간 굴려 주면서 밑 선의 길이 가이드에 맞추어 커트한다.

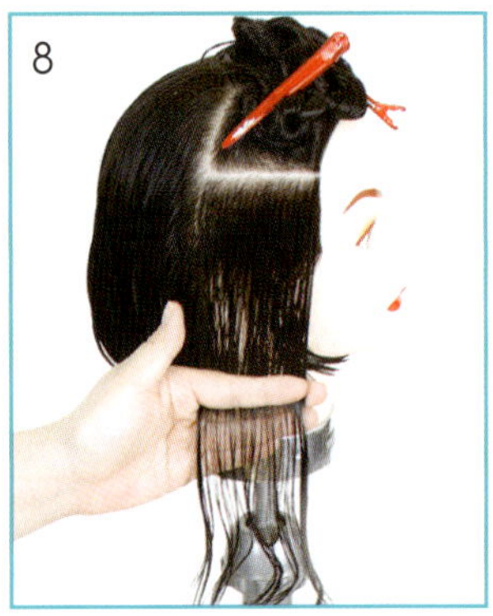

8. 손가락과 평행하게 손가락을 댄다.

9. 손가락과 슬라이스와 평행하게 시술한다.

10. 1선을 얼굴 쪽으로 빗어내려 사이드 머리길이에 맞추어 자연스럽게 연출하여 커트한다.

11~12. 2선. 3선도 1선과 동일하게 시술한다.

5. 레이어 커트(Layer cut)

학습 목표

- 레이어 커트의 특징을 알 수 있다.
- 일반 시술각도 90˚를 알며, 시술할 수 있다.
- 레이어 커트를 할 수 있다.

1) 커트 구성요소

(1) 길이 : 네이프 포인트에서 8~9 cm 내외
(2) 슬라이스 라인 : 평행선(Parallel line)
(3) 베이스 : 온 더 베이스
(4) 시술각도 : 일반 시술각도(두상 시술각도) 90˚
(5) 질감처리 : 없음

일반 시술각 90˚ : 두상과 관련된 각도

네이프에서 8~9 cm 시작

2) 도해도

(1) 특 징

① 두상에 따라서 일정한 길이로 커트한다.
② 정확하게 커트하는 방법은 두상의 곡면을 알아야 한다. 곡선이 심한 부분은 본인도 모르는 사이에 각도가 틀어져 버린다.
③ 두상에서 일정한 길이로 커트 하며, 길고 짧음에 따라 스타일이 변화한다.
④ 스카랩 상태를 최소화 시켜야 한다.
⑤ 모발의 잘린 단면이 보이고, 두상의 생긴 모양의 연장이다.
⑥ 머리전체를 두피와 평행하게 90˚로 끌어내어 온더베이스 커트를 하면 곡면과 연장된 헤어스타일을 만들 수 있다. 하지만 두상이 곡면체이기 때문에 올바른 위치에서 올바른 자세로 커트를 했을 때 원하는 스타일을 만들 수 있다.

시술 후 완성된 모습

(2) Blocking(5등분)

Center를 중심으로 양쪽 2.5 cm~3 cm씩 정하여 분류 한뒤 뒤로 5~6 cm 정하여 다발 처리한 후 앞에서 뒤로 핀셋 처리한다.

Top blocking의 중앙에서 내려온 다음 바깥쪽에서 안쪽으로 빗질하고 정중선 쪽과 가드라인 쪽을 똑같이 3 cm 직선 슬라이스 한다.

3) 시술방법

1. 8~9 cm를 길이 가이드로 설정하여 0°로 시술한다.

2. 일반시술각 90°를 시술하기 위해 두상을 따라 시술자가 움직이면서 가이드에 맞추어서 커트한다.

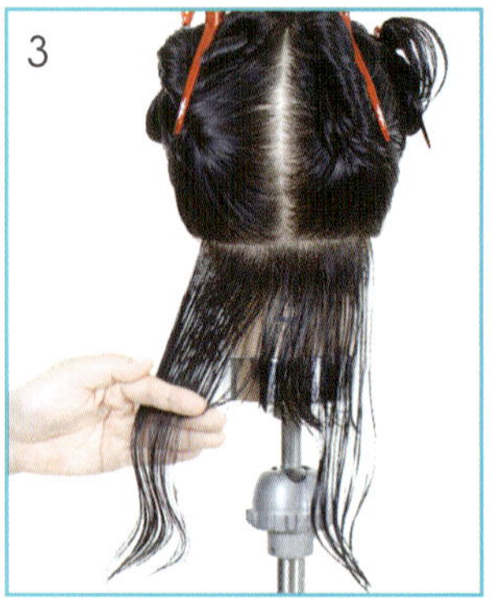

3. 곡면이 들어간 부분은 곡면을 따라 판넬을 펼쳐서 커트하되 8~9 cm 동일한 길이 가이드로 커트한다.

4. 두상의 곡면대로 펼치면서 일반시술각 90°가 되도록 시술한다.

5. 두상이 들어가기 시작한 이곳 부터는 길이가 짧아지지 않도록 주의 하면서 커트한다.

6. 시술이 종료된 상태이다.

7. 우측사이드 1선은 E.B.P의 기준선에 맞추어 텐션을 강하게 잡는 것을 피하면서 커트한다.

8. 두피에서 일반시술각 90°로 모발을 들어서 밑선의 기준에 맞추어서 동일한 길이로 커트한다.

9. 옆선이 시술된 상태이다.

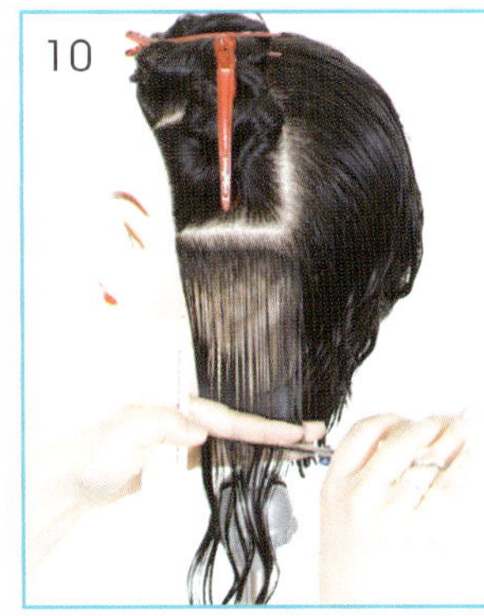

10. E.B.P의 길이 가이드를 기준으로 좌측사이드의 커트할 길이 가이드를 설정한다.

11. 판넬을 수평섹션으로 하여 일반시술각 90°로 모발을 들고 1선의 길이 가이드에 맞추어 커트한다.

12. 좌측 F.S.P부분 부터는 길이가 짧아지지 않도록 주의하면서 일반시술각 90°로 시술한다.

13. 함몰된 부분은 두피에서 정확히 모발을 들지 않으면 곡면이 들어갔기 때문에 길어 질 수 있기 때문에 주의하면서 커트한다.

Chapter 2

두상을 5개의 영역으로 나누어서 커트하기

1. 두상영역 나누어서 헤어스타일 분석

두상을 5개의 영역으로 나누어서 커트하기

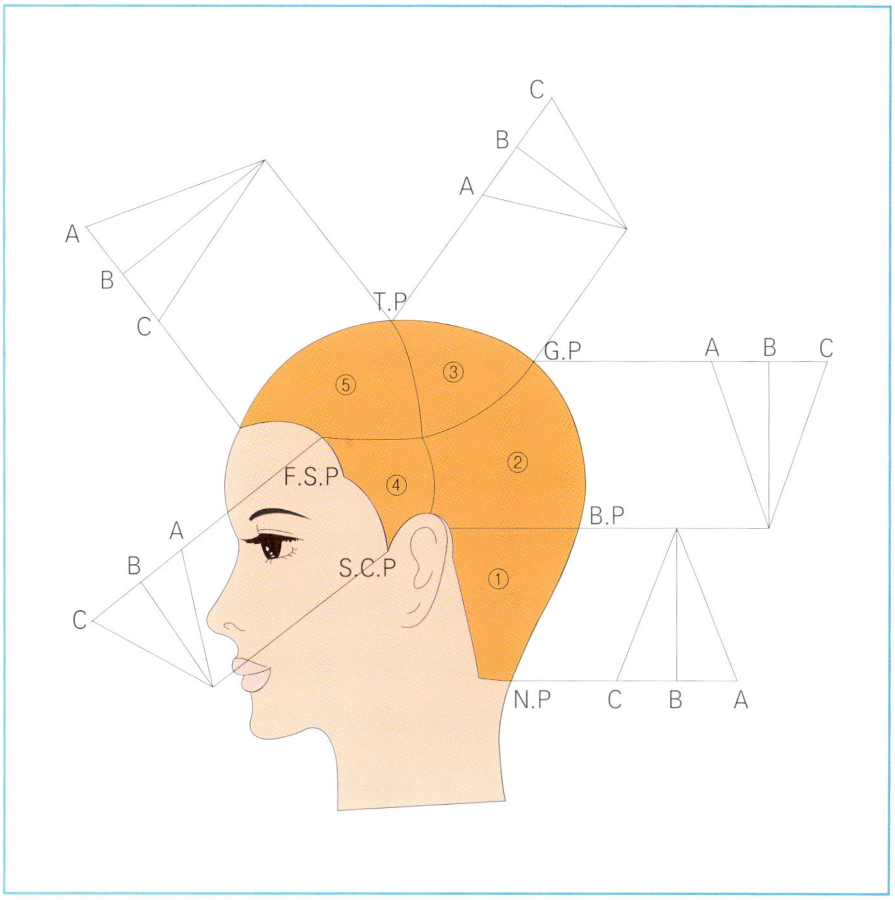

두상의 영역을 나누어서 디자인을 결정하면 쉽게 커트한다.

①번 영역	선의 느낌을 가볍게 하느냐 무겁게 하느냐를 결정한다.
②번 영역	베이스, 섹션의 변화로 헤어스타일 만들기. 길이 변화에 따라 형태가 달라지는 것을 알고 시술한다.
③번 영역	표현하기(디자인 표면에 해당하는 부분) B.P에 두상이 밋밋하면 이 영역에서 볼륨을 준다.
④번 영역	옆선 만들기 : 옆선의 이미지에 따라 얼굴형을 수정한다.
⑤번 영역	앞머리 표현 : 앞머리의 변화에 따라 얼굴형의 이미지를 연출한다.

①**번 영역** : 선의 이미지가 가볍냐 무겁냐를 결정한다.

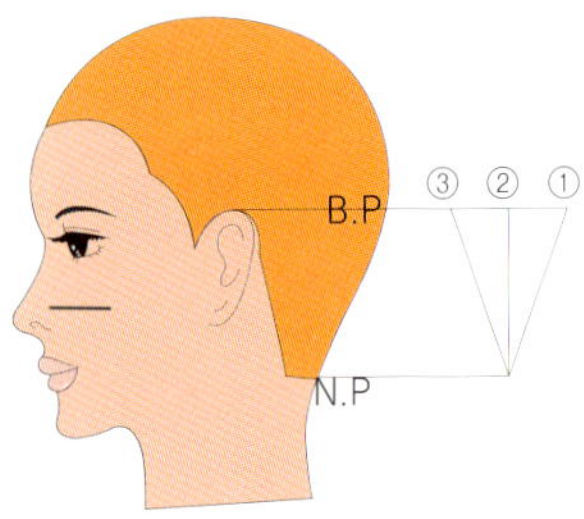

선의 두께감을 나타낼 수 있다(선이 분명하다).

선이 가볍다(움직임이 있다).

선이 90°보다 더 가볍다(길이에 따라 율동감이 있다).

②**번 영역** : 시술각과 베이스의 변화에 의해 입체감, 율동감을 표현한다.

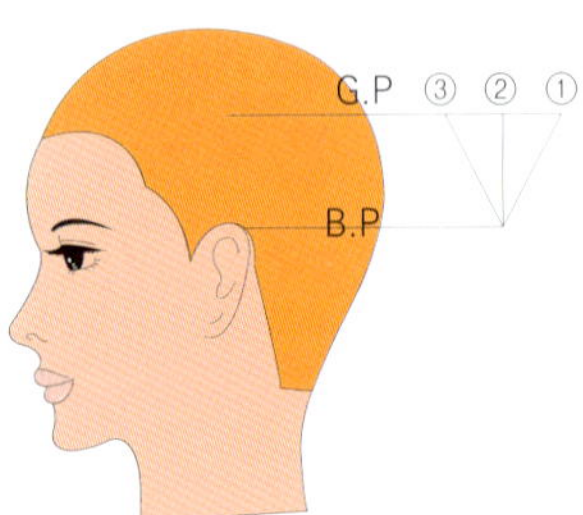

낮은 시술각

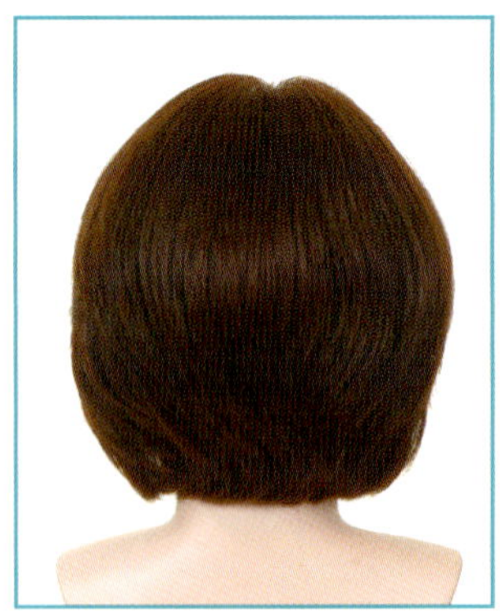
중간 시술각

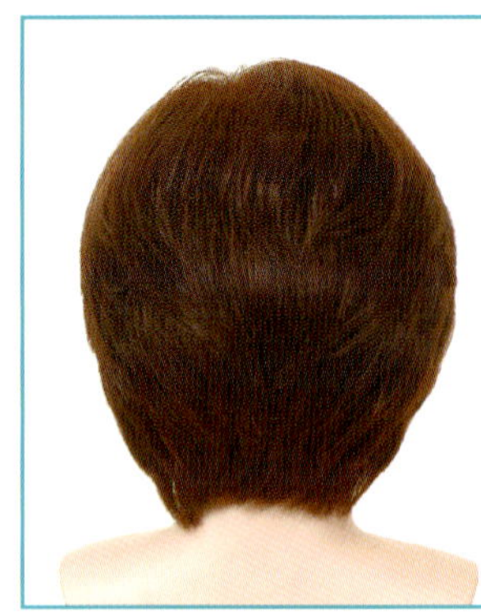
높은 시술각

③**번 영역** : 두상을 표현하는 영역이다. C층과 볼륨감을 나타낸다.

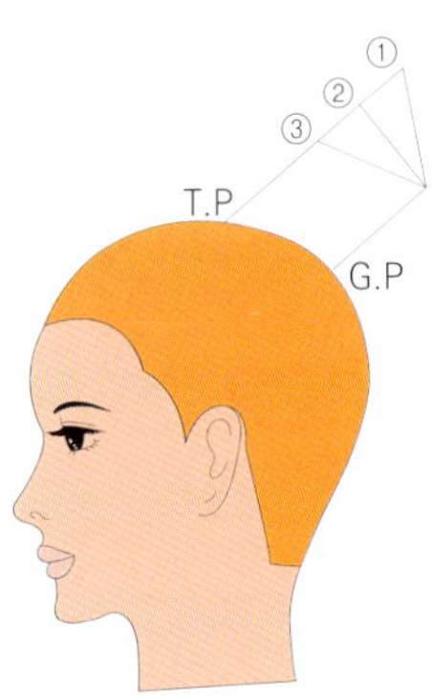

율동감이 주지 않는 웨이트의 위치를 높게 주고 싶을 때 B.P 골격이 들어가 두상에 볼륨을 위로주고 싶을 때

80°~90° 헤어스타일을 무난하게 연결한다.

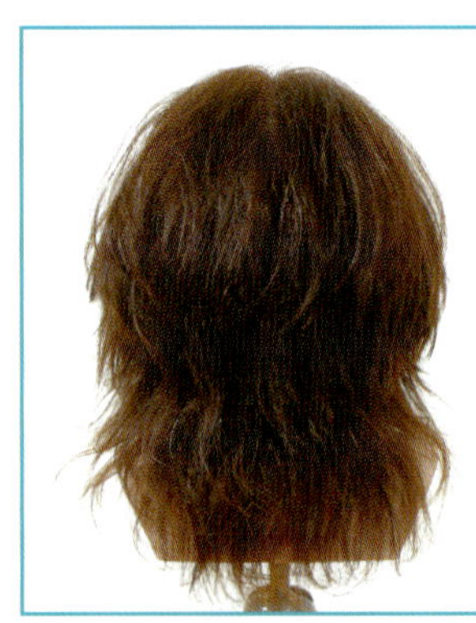
웨이트의 위치가 낮아지고 율동감을 주고 싶을 때

④번 영역

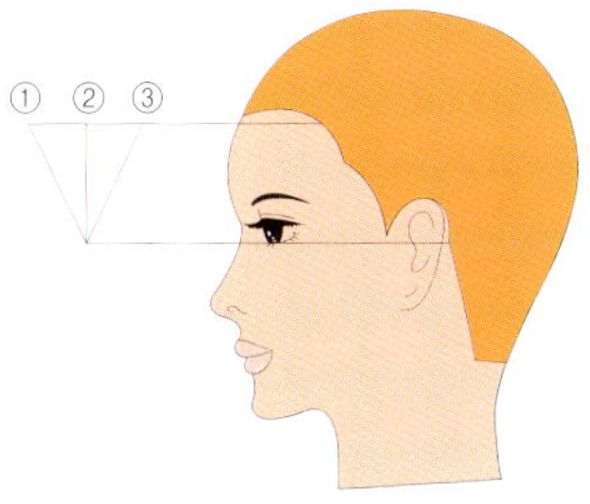

짧은 스타일에 많이 이용한다. 옆선 이미지를 무겁게 하고 싶을 때

두상 파팅을 후대각으로 하여 커트.
제일 무난한 스타일.
옆선이 무난하다.
다양하게 많이 이용한다.

롱 헤어에 많이 이용한다.
옆선의 이미지가 가볍다.
옆선의 층폭이 많다.
롱 헤어에 많이 이용한다.

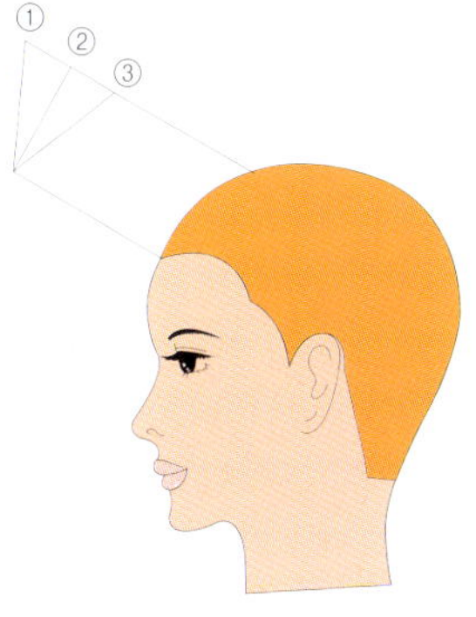

앞머리 길이가 짧을 때 이미자가 무겁게 얼굴형이 적고 윤곽이 뚜렷한 자신있는 헤어스타일을 표현하고 싶을 때

대부분 스타일에 이용
곡면층이 자연스럽다.

얼굴형이 큰 얼굴을 가리고 싶을 때

두상영역을 나누어서 헤어스타일을 시술해본다.

2. 인크리스 레이어 U선 만드는 방법(무거운 선)

커트스타일의 형태선은 완만하기도 하고, 경사가 심한 U라인도 있지만 토대(두상)의 연장으로 제일 예쁜 45° 각도로 만든다. 두상을 45°로 기울인 상태에서 일직선으로 자르고 두상을 똑바로 세우게 되면 U라인이 된다. 고객이 고개를 숙이게 되면 시술시 불편함 때문에 시술자는 빗질이 45°가 되게 하여 손가락이 45°가 되게 시술하면 U라인을 쉽게 만들 수 있다.

두상은 45°로 기울인 상태이다. 이 모발보다 모발이 길면 경사가 급하게, 이 길이보다 짧은 모발이면 U라인선은 완만하게 시술하면 무리가 없다.

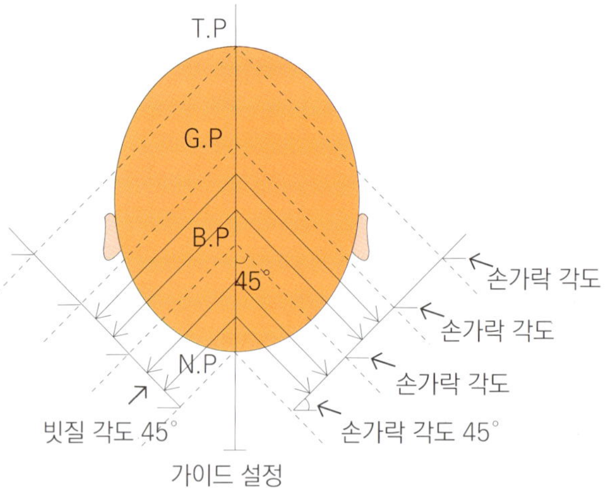

U라인 만들기

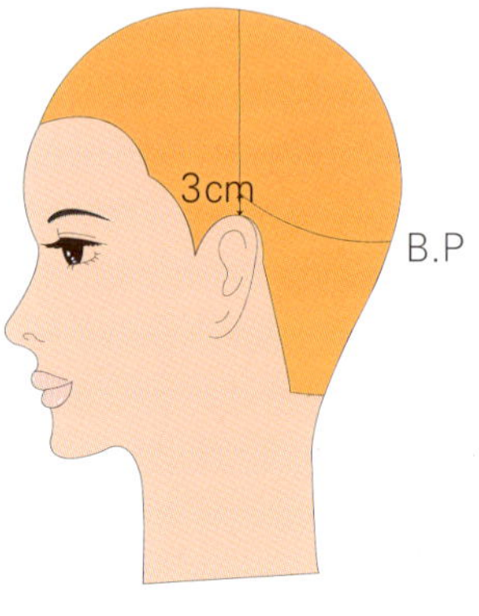

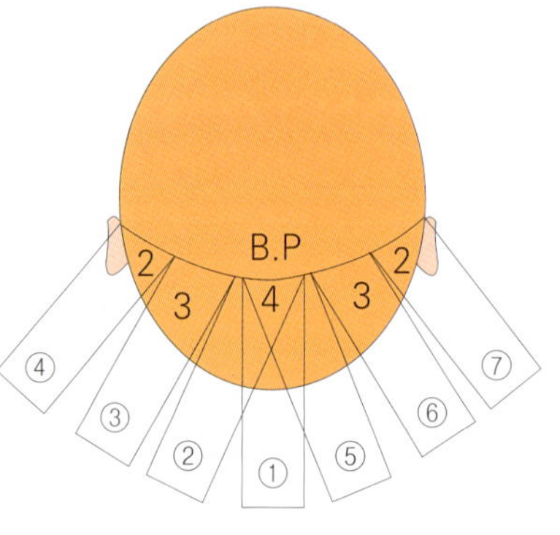

시술방법

① 4번 영역에서 원하는 길이가이드를 설정한다.
② 4번 영역을 C.L로 나눈후 블로킹한 방향(45°)으로 빗질하여 파팅과 손가락을 나란히 커트한다.
③ 4번 영역에서 나온 가이드를 4번 영역에서 45°로 빗질하여 파팅과 손가락을 평행하게 커트한다.
④ 4번 영역에서 나온 가이드를 3번 영역에서 45°로 빗질하여 파팅과 손가락을 평행하게 커트한다.
⑤ 3번 영역에서 나온 가이드를 2번 영역에서 45°로 빗질하여 파팅과 손가락을 평행하게 커트한다.
⑥ 반대쪽도 같은 방법으로 시술한다.

인크리스 레이어 실습 예 1(롱헤어를 무겁게 시술하고 싶을 때)

1) 인크리스 레이어(45° 무거운 선)

(1) 도해도

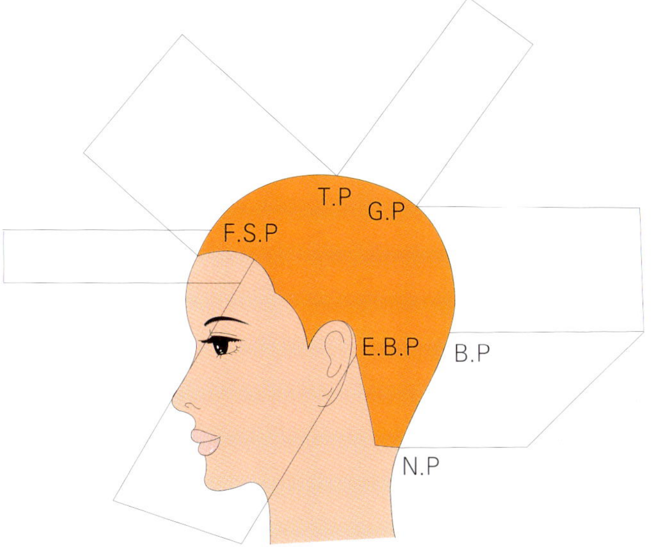

(2) 시술방법

① B.P~N.P까지 길이가이드를 설정하고, U라인 선 만들기
② B.P~G.P까지 수직 섹션 + 사선 섹션 온더 베이스에 일반 시술각 90°로 커트한다.
③ G.P~T.P까지 방사형 섹션을 떠서 일반 시술각 90°로 커트한다.
④ E.B.P~F.S.P까지 45°로 빗질하여 자연 시술각 45°로 커트한다.
⑤ F.S.P~T.P까지 가르마를 나누고 왼쪽, 오른쪽으로 교차하여 F.S.P선 가이드에 맞추어 커트한다. 나머지 부분은 일반 시술각 90°로 시술한다.
⑥ 섹션 분할을 하여 손질하기 편하게 질감처리한다.

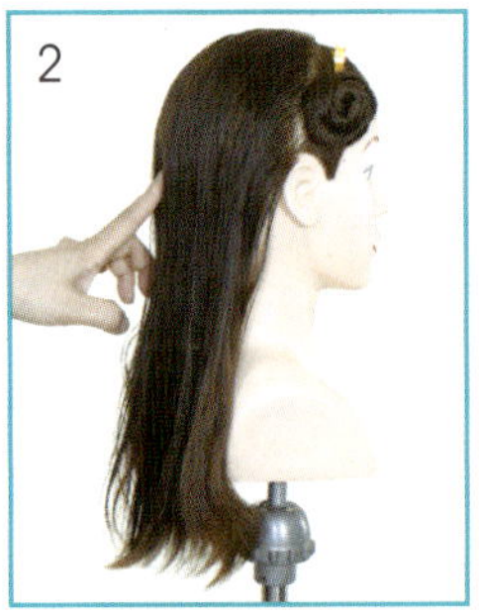

1. 시술전 준비상태이다.

2. B.P에서 가이드를 설정할 것이다. B.P에 검지를 대고 시술준비를 한다.

3. E.P에서 3 cm 위쪽에서 45°로 빗질하여 B.P까지 블록킹을 탄다.

4~6. 반대쪽도 검지를 B.P에 두고 E.P 3 cm 위쪽에서 45° 빗질을 시작하여 U라인 블로킹을 탄다.

7. 시술을 하기 위해 머리다발을 묶는다.

8. 고개를 45° 숙인 상태에서 보면 일직선 라인이 나온다.

9. B.P 아래에서 U라인 블로킹을 타 놓은 상태이다.

10. 빗질 각도를 45°(두피에 밀착)로 시술해야만 모발이 뜨지 않고 선을 예쁘게 시술할 수 있다.

11~13. 4번 영역에서 고객이 원하는 길이 가이드를 설정한다. 이때 빗질 각도에 주의해야 한다.

14. C.L을 4번영역에서 나눈후 45°로 빗질하고 파팅과 손가락과 평행하게 시술한다.

15. 4번 영역에서 나온 가이드를 3번 영역을 빗질각도 45°로 빗질하여 손가락이 파팅하고 나란히 하게 하여 커트한다.

16. 블로킹과 손가락을 평행하게 커트한다.

17~19. 3번영역에서 나온 가이드를 2번 영역에서 빗질각도 45°로 빗질하여 손가락이 파팅하고 나란히 하게 하여 커트한다.

20. 반대편도 4번 영역부터 3번 2번 영역을 45°로 빗질하여 파팅과 손가락과 나란히 하여 커트한다.

21~24. 다른쪽도 4번 영역부터 3번 2번 영역을 45°로 빗질하여 파팅과 손가락과 나란히 하여 커트한다.

25. 떨어뜨린 선을 빗질하여 선을 다시 한번 확인 한다.

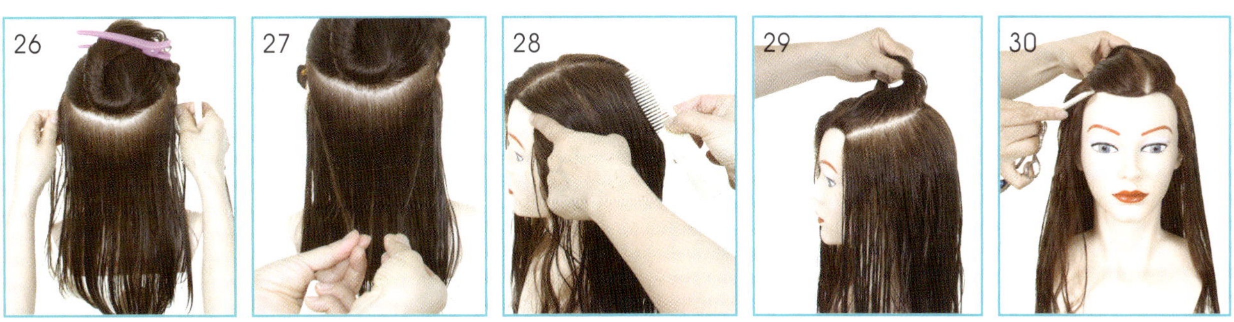

26~27. 양쪽의 모발을 선택하여 동일한 길이인지 확인한다.

28~30. F.S.P~G.P~F.S.P를 둥글게 연결하여 U라인 블로킹을 탄다.

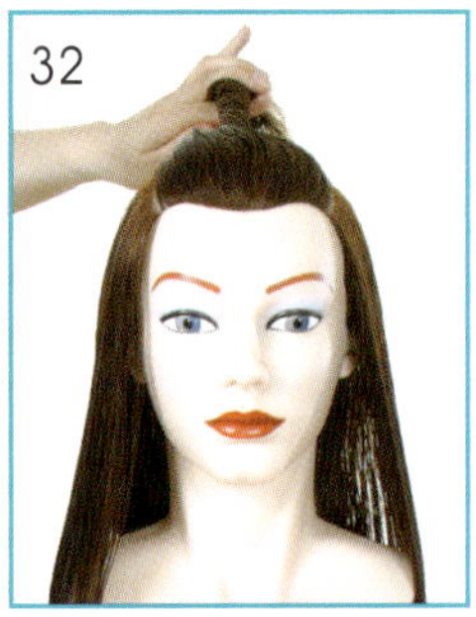

31~32. F.S.P~G.P~F.S.P까지 둥글게 하여 U라인 블로킹을 타 놓은 상태이다.

33~34. B.P~G.P 수평 파팅에 수직 섹션 온더 베이스로 빗질을 45°로 하여 시술하기 위해 판넬을 뜬다.

35. B.P~G.P 수평 파팅에 수직 섹션으로 자연 시술각 90°로 커트한다.

36. 시술 후에는 얼마만큼 층이 났는지 떨어진 상태에서 빗질하여서 확인한다.

37. 곡면대로 약간에 사선 판넬을 떠서 시술을 위한 빗질을 한다.

38. B.P~G.P 자연 시술각 90°로 시술한다.

39. 시술 후 떨어진 상태에서 빗질하여 확인한다.

40. E.B.P에서 가이드를 선택하여 옆선을 만든다.

42~43. 반대편도 E.B.P에서 가이드를 선택하여 빗질을 45°로 하여 손가락각도도 45°로 시술한다.

44. 양쪽 F.S.P선에서 가이드를 선택하여 동일한 길이 인지를 확인한다.

45. G.P~T.P는 방사형 섹션을 시술하는데 중앙의 섹션을 먼저 뜬다.

인크리스 레이어 실습 예 2(옆선의 변화)

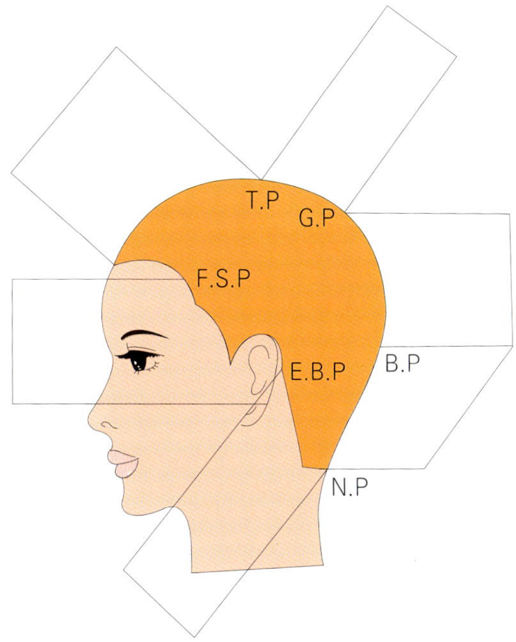

옆선의 변화
실습 예 1과 뒷부분은 동일하지만 옆선을 다르게 하여 형태를 변화시킨 모습

1. E.B.P~F.S.P선까지 빗질을 얼굴 으로 평행하게 끌어당겨 E.B.P에서 나온 가이드로 손가락이 수직이 되게 시술한다.
2. 반대편도 E.B.P에 F.S.P선까지 얼굴 으로 평행하게 끌어당겨 E.B.P에서 나온 가이드로 손가락이 수직이 되게 시술한다.
3. 이렇게 시술할 때 떨어지는 선이 자연스럽고 예쁘게 떨어지게 하기 위하여 밑에서 부터 위를 향해 낫칭커트한다.
4. 양쪽 F.S.P에서 모발을 선택해서 C.L선으로 당겨 길이가 동일하게 커트가 되었는지 확인한다.
5. 파팅과 손가락과 평행하게 하여 모발이 긴쪽부터 낫칭으로 시술한다. 가위가 모발에 들어가는 방향이 45° 기울기로 균일하게 넣어야 떨어지는 선이 자연스럽고 예쁘게 흐른다.

1

2
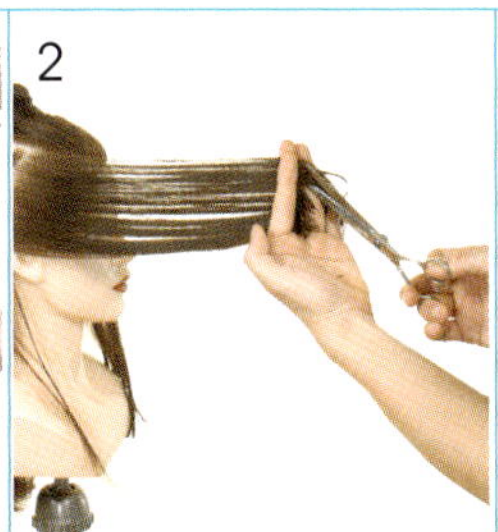
3

4

5

인크리스 레이어 실습 예 3(옆선의 변화)

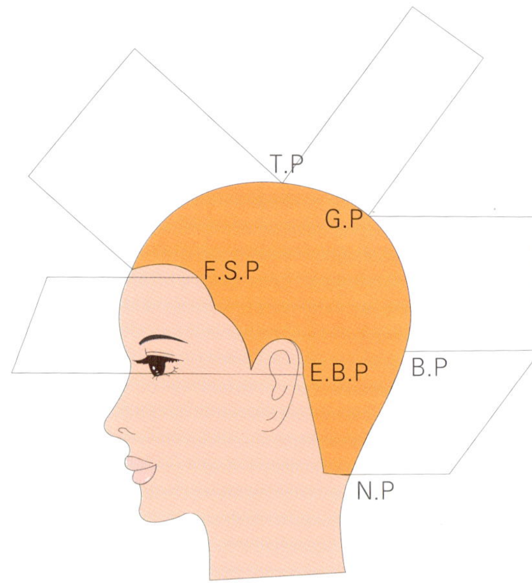

옆선의 변화
실습 예 1과 뒷부분은 동일하지만 옆선을 가볍게 하여 형태를 변화시킨 모습

1. 빗질은 파팅선에서 직각이 되도록 하고, 손가락이 up 45°인 상태에서 밑머리부터 윗머리를 향해 낫칭으로 시술한다.
2. 자연상태에서 떨어진 모발의 상태를 확인한다.
3. F.S.P에서 E.B.P까지 자연 시술각 90°로 시술후 E.P에서 가이드를 선택하여 파팅선과 직각이 되게 빗질하여 손가락이 up 45°로 되게 모발의 판넬을 잡고 낫칭으로 밑머리 모발부터 시술한다.
4. F.S.P선에서 가이드를 선택해서 상각파팅을 뜨고 왼쪽에서 오른쪽으로 빗질하여 손가락을 파팅선과 나란히 하여 낫칭 커트한다.
5. 반대편도 F.S.P선에서 가이드를 선택하고 가르마에서 나온 가이드를 연결한다.

인크리스 레이어 실습 예 4(옆선, 후중부영역의 변화)

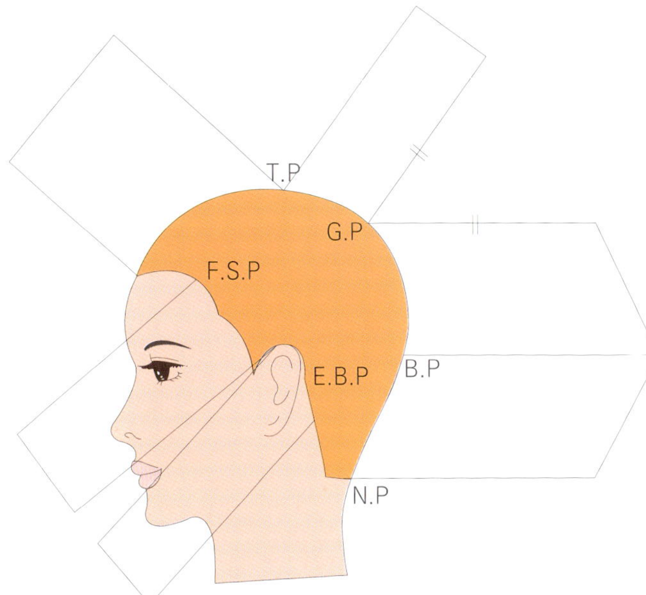

롱헤어의 기본형
실습 예 1과 뒷부분에서 시술각이 조금 다르고 옆선의 이미지 형태를 변화시킨 모습

1~2. U라인 블로킹을 타서 U라인을 시술한다.
3. B.P~G.P 수직섹션으로 일반 시술각 90°로 B.P에서 나온 가이드를 연결하여 시술한다.
4. 빗질부터 시술각을 형성하고 손가락이 따라간다.
5. 반대편도 동일한 방법으로 시술한다.

2) 가벼운 U라인=두상의 연장선

(1) 시술방법

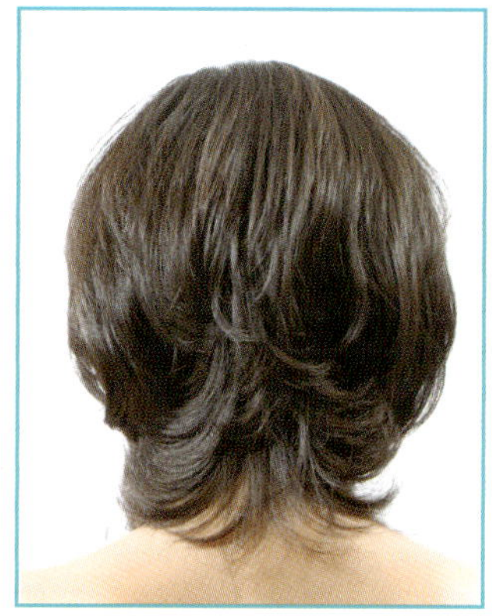

① 선택할 경우(90˚) : 아웃컬을 원할 때

B.P에서 가이드를 선정하여 파팅하고, 손가락과 나란히 맞추어서 커트하고, 양쪽 사이드는 머리카락이 없는 것 만큼 C.L쪽으로 트위스트 베이스로 커트한다.

② 선택할 경우(up 45˚) : 아주 가벼운 아웃컬을 원할 때

파팅선보다 더 up 시켜서 커트 - up시킨 만큼 가볍다. 양쪽 사이드는 머리카락 없는것 만큼 C.L쪽으로 트위스트 베이스로 커트한다.

B.P 아래부분은 세로로 시술을 할 경우 시간이 많이 필요하게 된다. 쉽고, 빠르고, 정확하게 시술을 하기 위해서는 가로(수평) 섹션으로 시술을 하지만 ①, ②를 확실하게 선택해서 시술 해야한다.

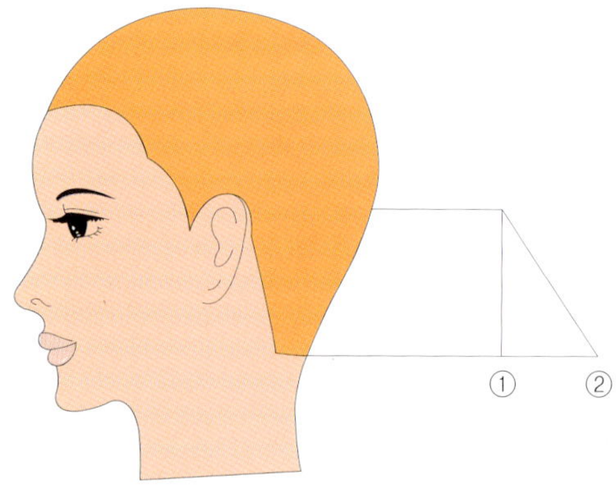

① 아웃컬을 원할 때
② 아주 가벼운 아웃컬을 원할 때

1. 선을 만들기 위해 먼저 시술한다.

2. 파팅하고 손가락을 수평으로 잡고 위가 짧고 아래가 길게 시술한다.

3. 중심부에서 가이드를 가져온다.

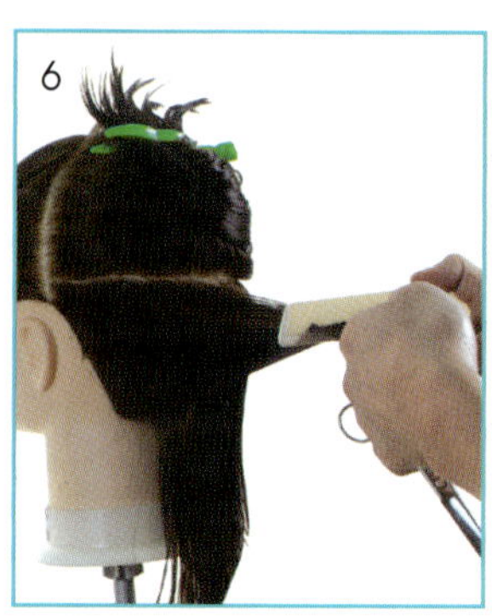

4~7. 중심부에서 온가이드를 N.P까지 베이스를 당겨서 수평으로 시술한다.

인크리스 레이어 실습 예 1(가벼운 U라인에 무난한 스타일)

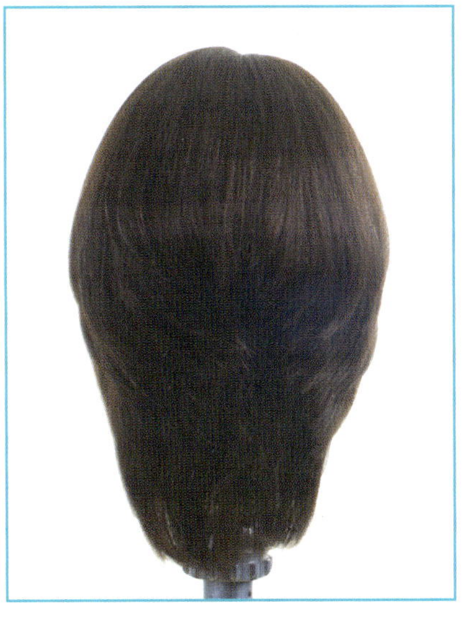

길이의 조건에 따라 헤어스타일이 달라진다.

시술방법

① N.P에서 길이 가이드를 설정하여 U라인을 만든다.
② B.P에서 N.P까지 가벼운 U라인을 시술한다.
③ B.P에서 G.P까지 자연 시술각 90˚로 올려 베이스 또는 사이드 베이스로 시술한다.
④ G.P~T.P까지는 일반 시술각 90˚로 시술한다.
⑤ E.P~F.S.P까지는 길이를 먼저 설정하고 45˚로 시술하고 다시 한번 자연 시술각 90˚로 시술한다.
⑥ E.B.P~E.P까지 E.P에서 나온 가이드와 E.B.P를 연결한다.
⑦ F.S.P~C.P까지는 떨어지는 순서 자연 시술각 90˚로 시술한다.

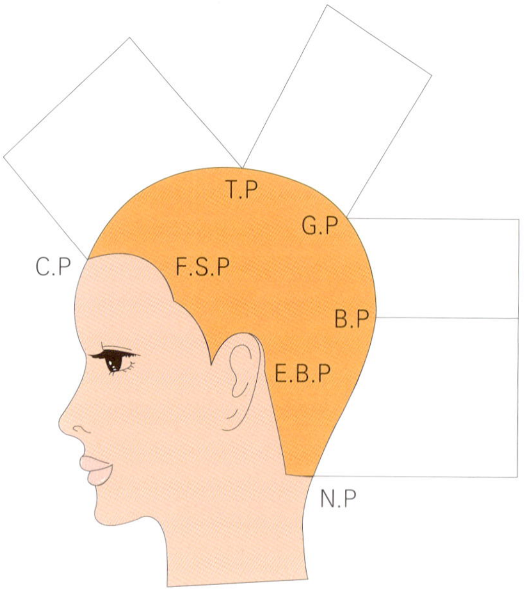

1. 길이 가이드를 설정하여 U라인을 만든다.

2~4. 파팅과 수평으로 손가락을 대고 위가 짧고 아래가 길게 시술한다.

5. B.P에서 가이드를 가져와서 G.P까지 자연시술각 90°로 온더베이스로 시술한다.

6. 곡면이 들어간 부분은 E.P에서 온가이드와 B.P에서 온가이드를 연결하여 낫칭커트로 시술한다.

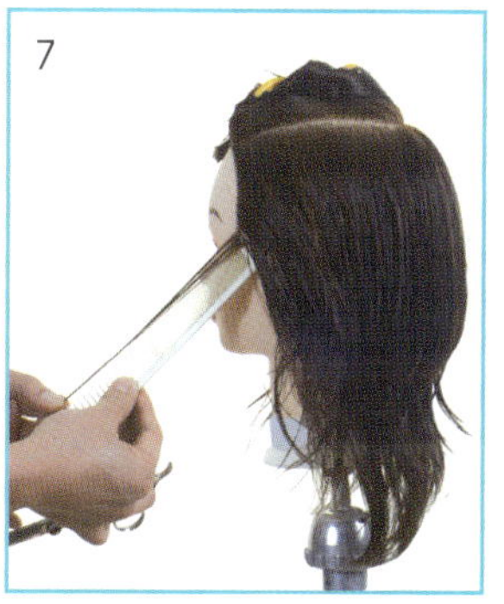

7. 옆선에 가이드를 길이가이드로 시술한다.

8. 가이드를 설정하여 후대각으로 손가락을 시술한다.

9. 뒷선의 E.B.P에서 온가이드와 연결한다.

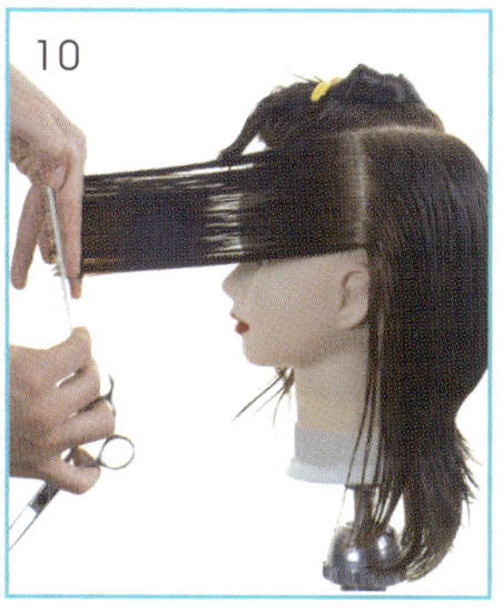

10. 옆선은 순서대로 모발이 차례로 떨어지게 자연시술각 90°로 시술한다.

11. 반대쪽도 동일하게 낫칭으로 사선으로 시술한다.

12. 옆선을 낫칭으로 시술한다.

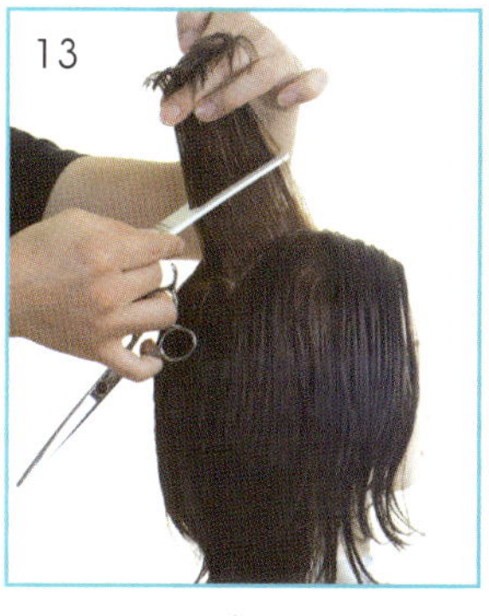

13~14. G.P에서 T.P까지 일반시술각 90°로 방사형으로 시술한다.

15. 순서대로 모발이 떨어지게 일직선이 되게 시술한다.

16. 위가 짧게 낫칭으로 시술한다.

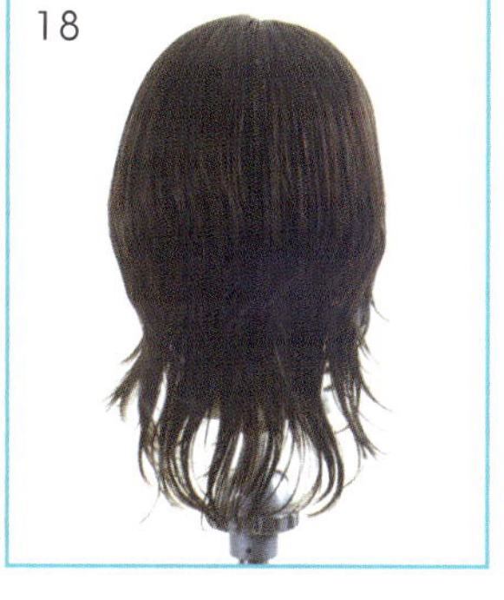

17~18. 시술 후 모습

인크리스 레이어 실습 예 2(길이의 변화)

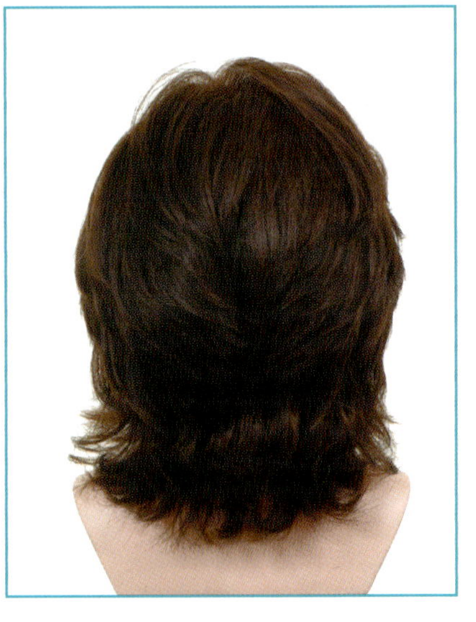

길이의 조건을 알고 시술하면 손질이 편안하다.

시술방법

① N.P에서 길이가이드 설정한다.
② U라인 블로킹을 탄다.
③ G.P에서 가이드를 설정하여 G.P~B.P까지 자연 시술각 90°로 시술한다. 베이스를 뜨는 섹셕은 옆 그림의 차례대로 시술한다.
④ 3번 영역에 오면 E.B.P에서 E.P 사이에 모발이 없다. 그렇기 때문에 밑모발을 길게 G.P~B.P 자연 시술각 90°로 시술한다.
⑤ G.P~T.P 방사형 섹션으로 일반 시술각 90°로 시술한다.
⑥ E.P~F.S.P는 사선 섹션을 뜨고 곡면체가 깊기 때문에 일반 시술각 90°로 시술한다.
⑦ F.S.P~T.P~F.S.P는 가르마를 나눈 후 F.S.P선 가이드를 기준으로 평행하게 커트한다.
⑧ 질감처리하여 예쁜스타일 만들기 한다.

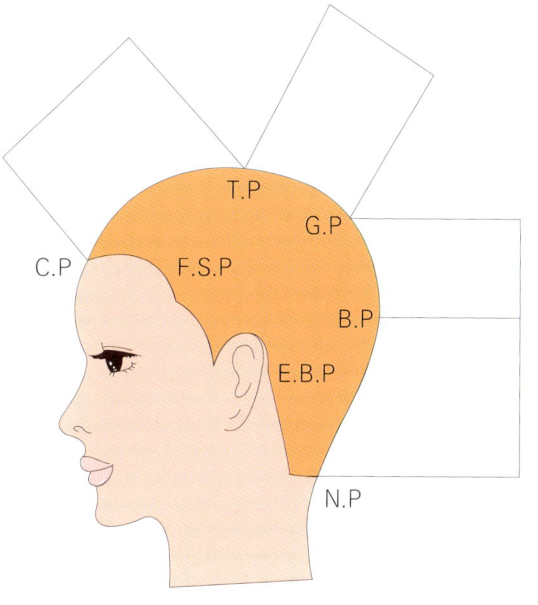

1. 시술전 상태이다.

2. 원하는 길이를 설정하기 위해 두피면에 빗질을 밀착한다.

3. 길이가이드를 설정하는 곳에 오면 빗등이 눈높이에 와야 한다.

4. 가이드보다 1 cm 돌출

5~7. 양쪽은 C.L쪽으로 트위스트 베이스하여 일직선을 시술한다.

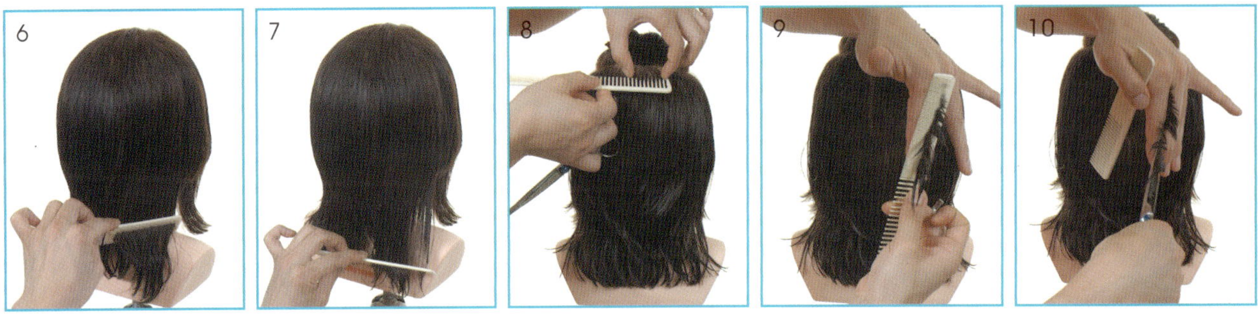

8. U라인 블로킹 시술후 B.P~G.P까지 커트판넬을 뜨기 위한 빗질이다.

9~10. B.P~G.P까지 수평 파팅에 수직 섹션으로 자연 시술각 90°로 온더베이스하여 시술한다.

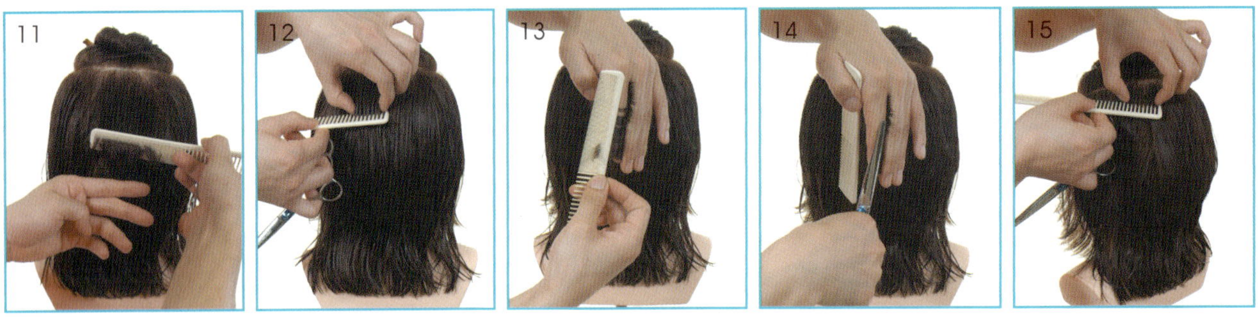

11. 커트가 끝난 후에는 떨어뜨린 상태에서 원하는 층이 생겼는지 빗질하여 본다.

12. ②번 영역을 곡면의 흐름대로 섹션을 뜬다.

13~16. B.P~G.P 자연 시술각 90°로 온더베이스하여 커트한다.

17~20. ④번 영역은 E.P~E.B.P 사이에 한 판넬을 뜰 때 모발이 없기 때문에 밑모발이 짧다. 이러한 이유로 ④번 영역은 윗 모발이 길이 가이드가 안내를 하지만 밑모발은 길어지게 인크리스 레이어로 시술한다.

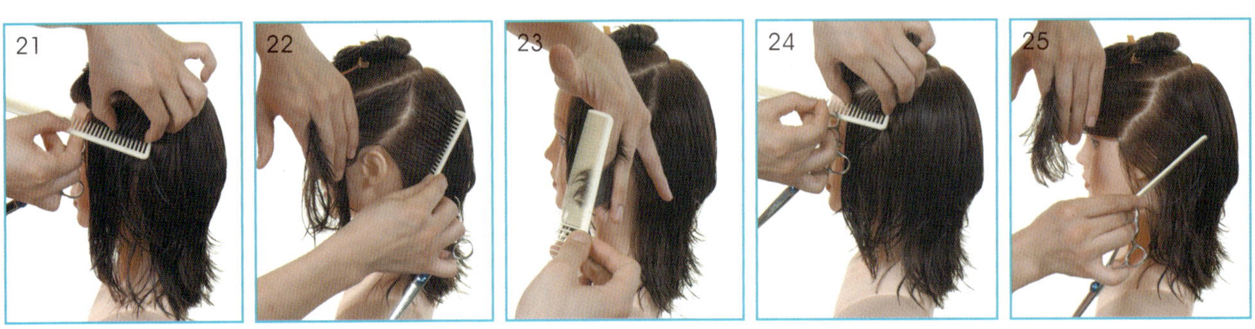

21~25. 옆선은 자연스러운 흐름을 위해 사선으로 섹션을 뜬다. 가이드는 B.P~G.P에서 시술했던 한 판넬의 중간에서 가져온다.

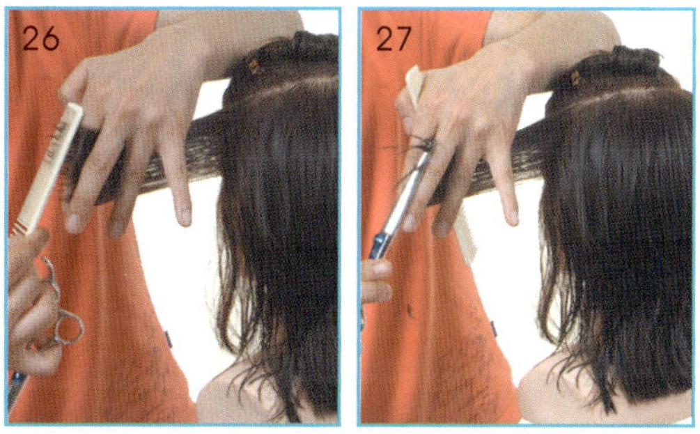

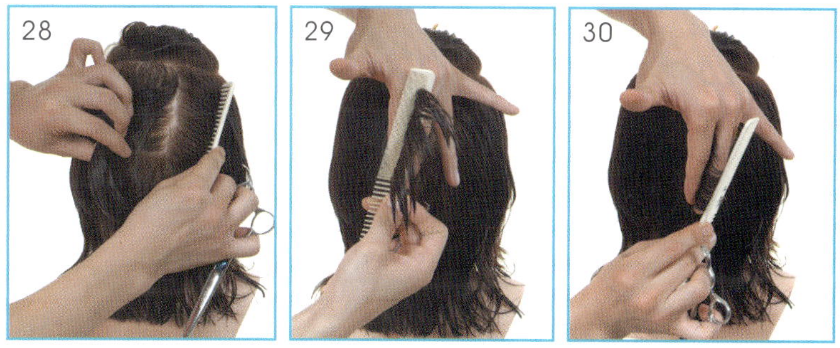

26~27. 두상이 함몰된 것 만큼 옆선이 빠진 상태로 인크리스 레이어로 시술한다.

28~30. 반대편도 B.P~G.P 자연 시술각 90°로 시술한다. 시술 섹션은 앞페이지와 동일하다.

31~35. 옆선을 사선으로 연결하여 B.P~G.P에서 온가이드 중심을 잡고 인크리스 레이어로 시술한다.

36~40. 다음도 첫번째 사선섹션에 연결하여 사선섹션을 뜨고 인크리스 레이어로 연결하여 커트한다.

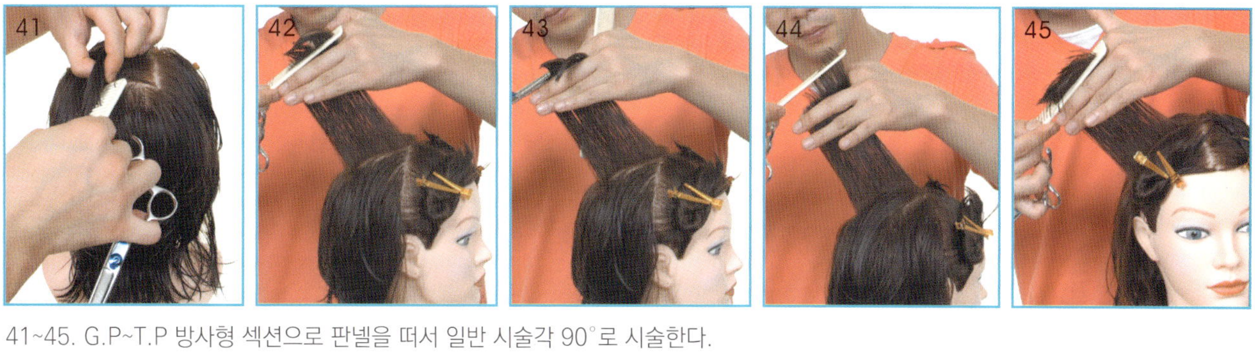

41~45. G.P~T.P 방사형 섹션으로 판넬을 떠서 일반 시술각 90°로 시술한다.

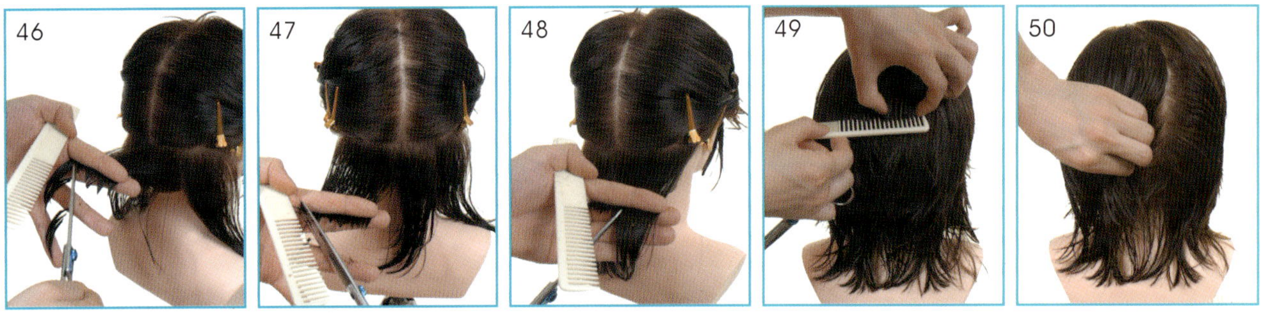

46~48. N.P~N.B.M.P를 가로로 나누어서 N.P에서 온가이드를 자연 시술각 90°로 낫칭 커트한다.

49~53. N.P~B.P를 연결하여 시술한다.

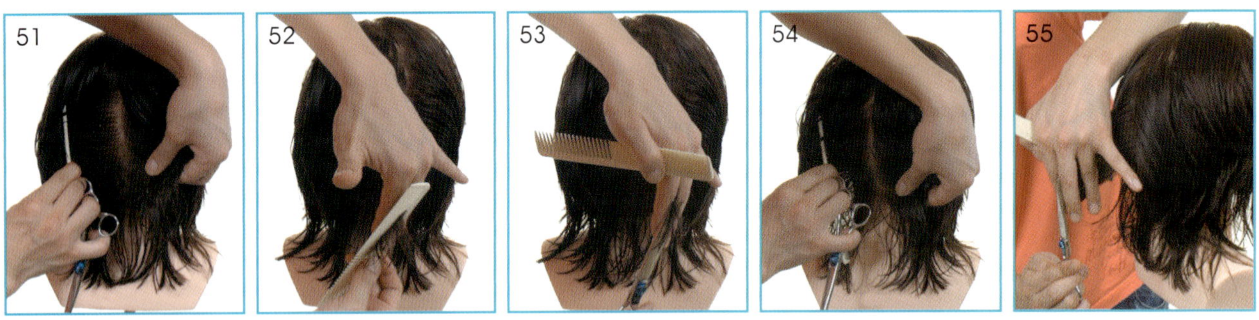

54~58. 처음 판넬만 세로로 하고 다음 판넬부터는 사선으로 연결하여 시술한다.

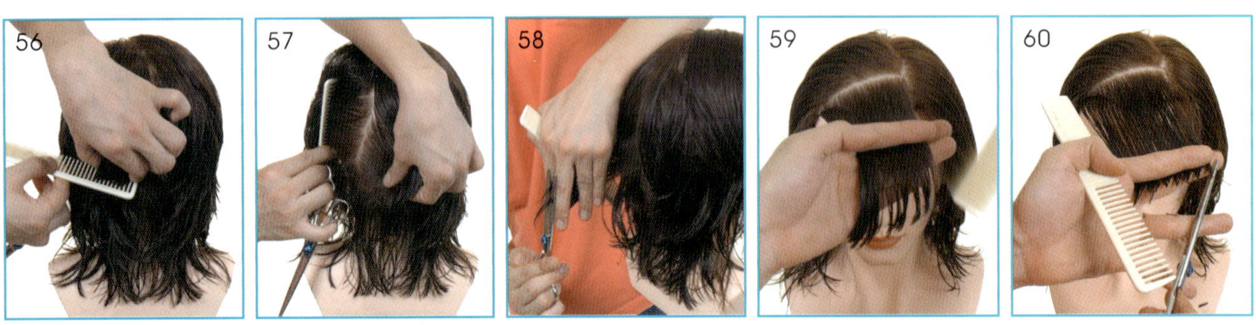

59~60. 앞머리는 슬리이스와 평행하게 자르고 나머지 부분은 질감처리하여 손질하기 편하게 헤어스타일을 만든다.

3. 솔리드(원렝스)

1) 일직선 만드는 방법

길이에 따라서 일직선의 헤어스타일이 다르게 표현된다.

(1) 빗질 방법(일직선)

N.P~B.P : B.P 길이의 토대가 들어간 만큼 길어지게 C.L에서 양쪽으로 4 cm씩 콤 컨트롤 기법으로 파팅한 후 빗질각도 90°로 빗질하여 가이드보다 빗살 1 cm 만큼 돌출 시켜서 커트한다.

사이드는 C.L쪽을 향해 트위스트 베이스 하여 일자 커트한다.

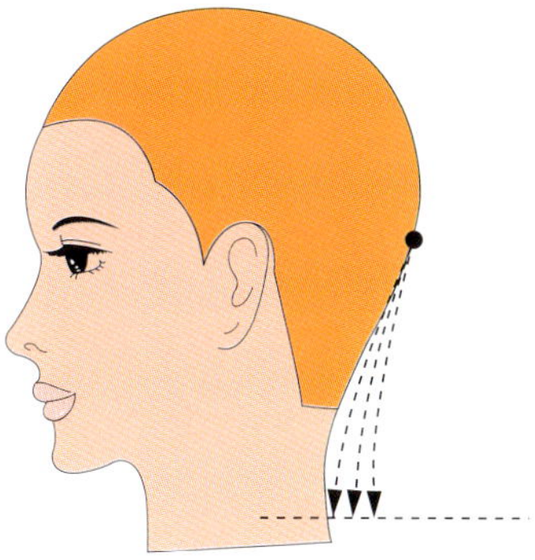

B.P 길이 가이드를 길게 커트하기 위해서 빗질 각도 90°(곡면의 두피면을 지나야 B.P 가이드가 길어진다.)

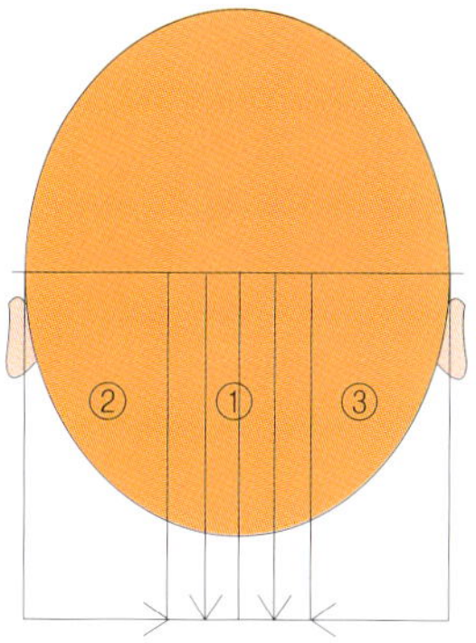

(2) 주의사항

① 사람은 항상 0°가 아니라 두상이 15° 기울기로 있게 된다. 이렇게 되면 튀어나온 B.P 길이 가이드가 짧아져서 N.P에 길이를 다시 수정하게 되므로 가이드를 토대가 들어간 만큼 면을 빗질(빗질각도 90° 커트)한다.

② 손가락 각도 0°(손가락의 위치를 뒤집지 말 것)

③ 텐션을 피한다(콤 컨트롤 기법사용 : 빗으로 조절해 가면서 커트하는 방법).

④ 머리를 모아서 잡지 말 것(콤 컨트롤 기법사용)

⑤ 밑 길이를 결정할 때 손가락 넣고 커트하면 손가락 두께만큼 밑 길이가 길어진다(손가락 두께 1.5 cm)(콤 컨트롤 기법사용).

⑥ 토대가 들어간 만큼 트위스트 베이스하여 일자로 커트한다.

솔리드 실습 예 1(일직선은 길이에 따라 이미지가 다르게 표현된다)

시술방법

① N.P~B.P까지 일직선 만들기를 위한 시술을 한다.
② B.P~G.P까지 수직 섹션으로 자연 시술각 45°로 온더베이스로 시술한다.
③ G.P~T.P까지 방사형 섹션으로 일반 시술각 45°로 시술한다.
④ E.B.P~F.S.P선은 일직선을 시술한다.
⑤ F.S.P~T.P~F.S.P 가르마를 나누고 일직선을 시술한다.
⑥ 분할하여 예쁜 스타일 만들기를 한다.

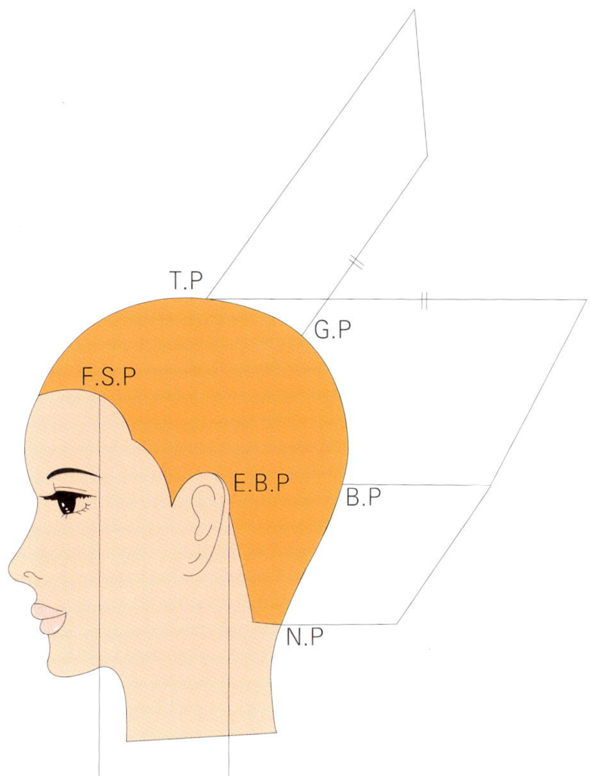

1. N.P~B.P를 나누어서 일자 블로킹을 탄다.

2. 고운살 빗살의 10 cm를 C.L 중심부에 맞추어 빗질각도 45°로 두 피면을 밀착하여 시술한다.

3. 원하는 길이가이드를 1 cm를 남기고 빗질이 일직선이 되게 빗등을 세운다.

4. 고운살 10 cm를 일직선을 커트하는데 빗에서 1 cm를 띄워서 시술하면 선이 정확하다.

5~6. E.P~E.P까지 보통 사람은 20~22 cm 정도 길이가 되니까 중심부 10 cm를 커트해야만 양쪽에서 트위스트 베이스를 시술하기가 쉽다.

7. 중심부 10 cm를 시술해 놓은 상태이다.

8. 떨어지는 모발을 따라 빗질각도 45°로 빗질한다.

9. 중심부에 가이드를 맞춘후 빗을 C.L쪽으로 틀어서 B.P에서 일직선을 맞춘다.

10. 빗에서 1 cm 떨어져서 시술한다.

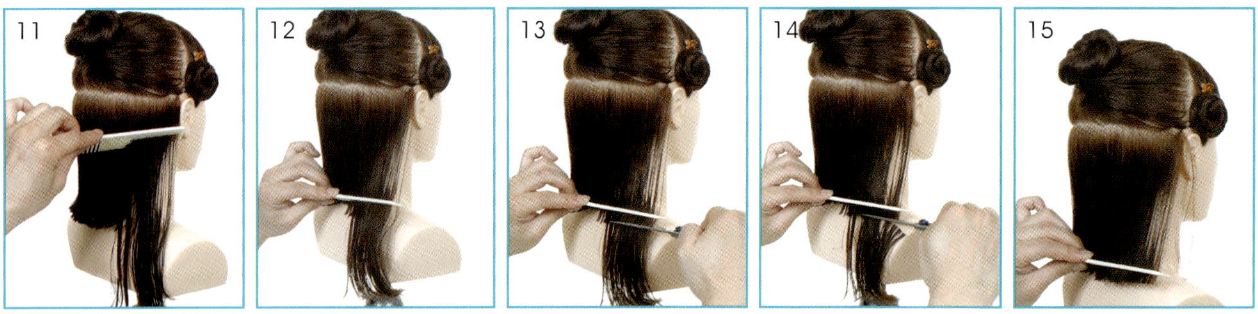

11~15. C.L부분에서 고운살 10 cm를 일직선을 자른후 빗살을 두피에 밀착시켜 빗질하여 C.L에서 온 가이드에 맞추어지면 베이스를 C.L쪽으로 틀어서 빗 1 cm를 간격을 두고 일직선을 만든다.

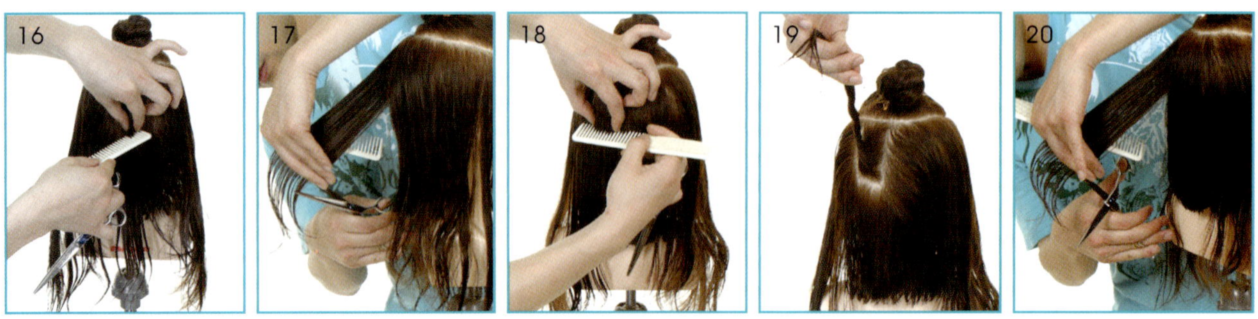

16~20. B.P~G.P 수평 파팅에 수직 섹션으로 자연 시술각 45°로 하여 온더 베이스로 시술한다.
낮은시술각 45°시술시에는 베이스를 낮추어서 시술하면 편리하게 커트할 수 있다.

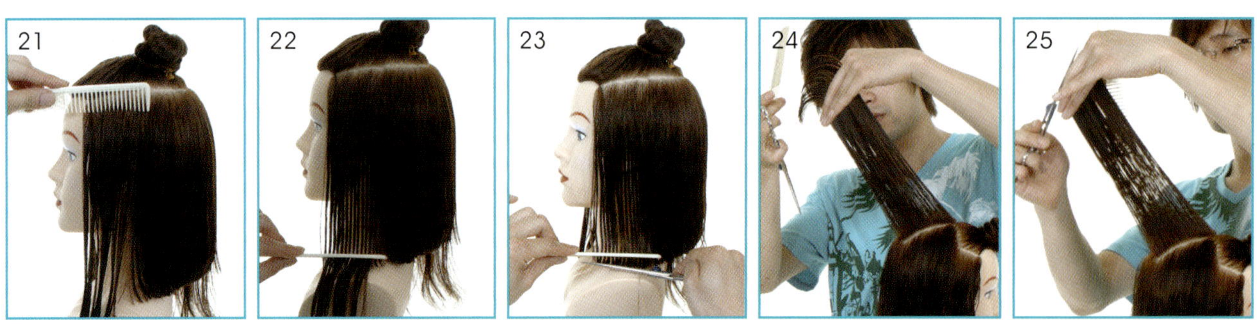

21~23. S.C.P~F.S.P의 사이드는 얼레살로 텐션을 주지 않고 빗질하여 살짝만 E.P쪽으로 베이스를 틀어서 일직선을 만든후 빗보다 1 cm를 띄워서 커트한다.

24~29. G.P~T.P까지는 방사형섹션으로서 일반 시술각 45°로 시술하고 여기에 손가락도 45°로 커트하는 것에 주의한다.

30. F.S.P~T.P~F.S.P는 가르마를 나누고 얼레살로 빗질하여 일직선을 만든다.

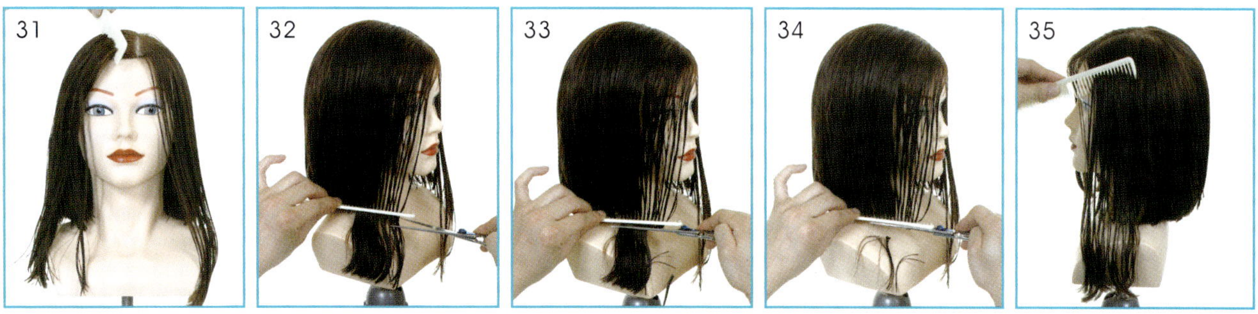

31~37. 양쪽에는 힘이 들어가지 않게 빗질하는 것을 주의하여야 한다.
귀의 돌출되는 부분과 모류가 들뜬 부분때문에 길이가 짧아질 우려가 있으므로 얼레살로 힘을 주지 않고 빗질후 1 cm보다 길게 일직선으로 시술한다.

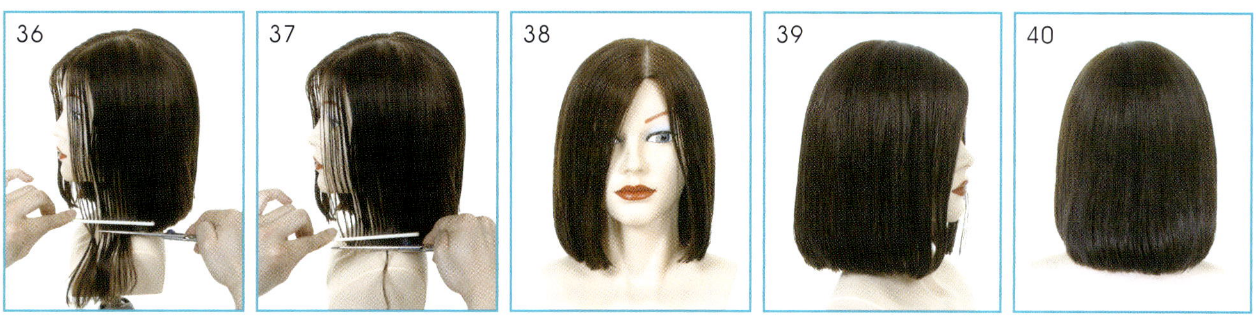

38~40. 시술후 일직선이 완성된 상태이다.

솔리드 실습 예 2(시술각의 변화, 一선에 무난한 기본스타일)

자연스런 층을 원할 때

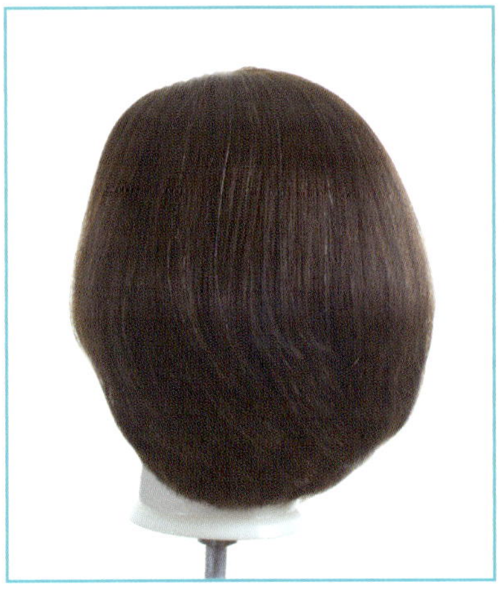

시술방법

① B.P~N.P까지는 길이 가이드를 설정하고 一선 만들기.

② B.P~G.P까지는 자연 시술각 90˚로 온더 베이스 또는 사이드 베이스로 시술한다.

③ G.P~T.P 방사선 섹션을 떠서 일반 시술각 90˚로 시술한다.

④ F.S.P~E.P까지는 일직선을 시술 후 45˚로 빗질하여 시술한다.

⑤ F.S.P~C.P까지는 떨어지는 순서대로 일자로 빗질하여 시술한다.

⑥ B.P~N.P사이의 연결되지 않은 부분은 틴닝으로 연결한다.

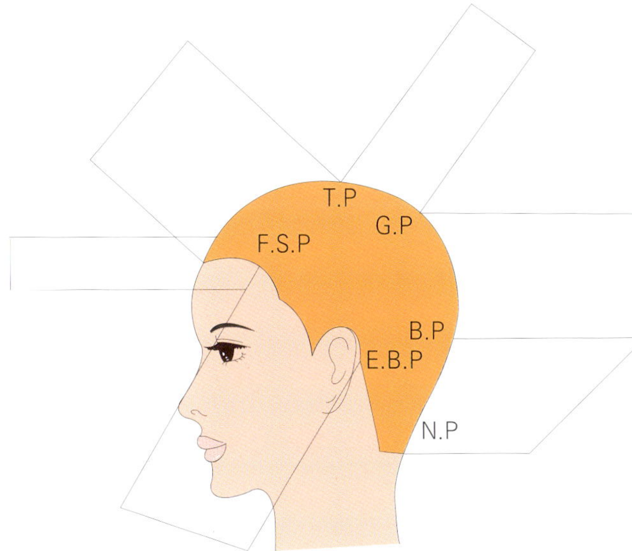

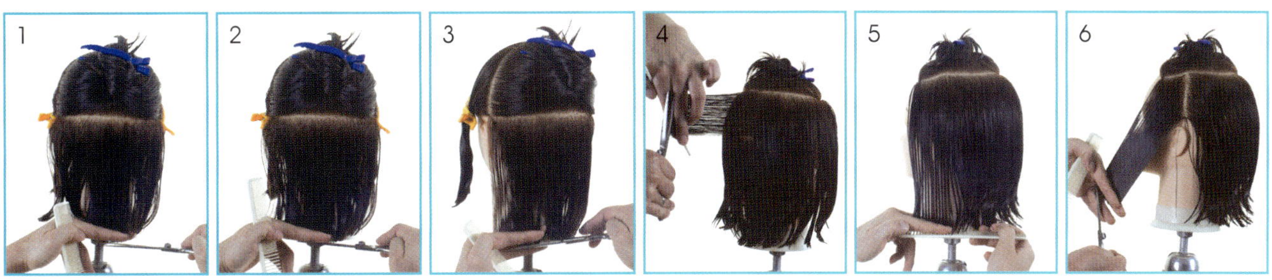

1. B.P 아래부분은 일직선으로 선을 시술한다.

4. B.P~G.P까지는 B.P 가이드를 설정하여 자연시술각 90˚로 시술한다(후중부).

5. E.B.P에서 E.P까지 옆선을 내려서 시술한다.

6. E.P에서 F.S.P까지는 E.P 가이드를 45˚로 내려서 시술한다.

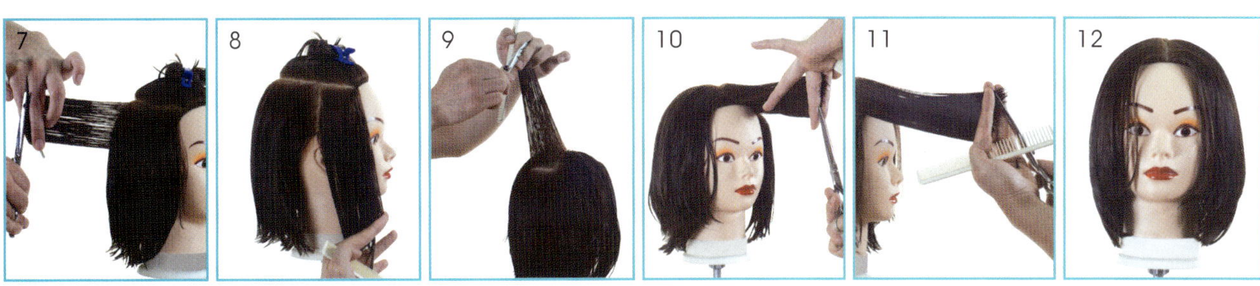

9. G.P~T.P까지 일반 시술각 90˚로 시술한다.

11. F.S.P에서 C.P까지 일자로 내려서 시술한다.

12. 시술해 놓은 상태

솔리드 실습 예 3(G.B.M.P 윗부분만 일반 시술각 90°로 시술)

1) 도해도

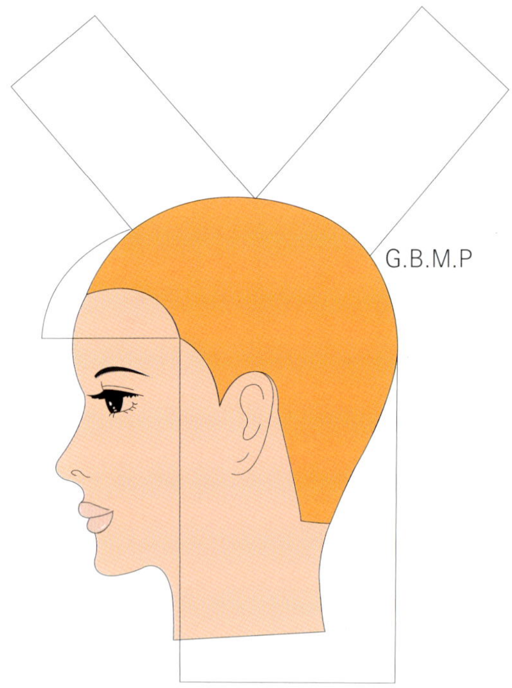

2) 시술방법

① N.P~G.B.M.P까지 일직선을 시술한다.

② G.B.M.P~C.T.M.P 방사형섹션 일반 시술각 90°로 시술한다.

③ F.S.P~C.T.M.P~F.S.P 앞머리 부분을 10~12cm 일직선을 커트한다.

④ 앞머리를 제외한 부분은 일반 시술각 90°로 시술한다.

⑤ 분할하여 예쁜스타일 만들기

1~2. G.B.M.P~T.P 제일중심부분에 방사형 섹션을 뜬다.

3. 섹션을 떠 놓은 상태 삼각형베이스이다.

4~8. G.B.M.P~T.P 일반 시술각 90°로 시술한다.

9~10. F.S.P~F.S.P~F.S.P에서 폭을 3cm 떠서 일직선을 시술한다. 이때 주의해야 할 사항은 자연 시술각 0°상태이다.

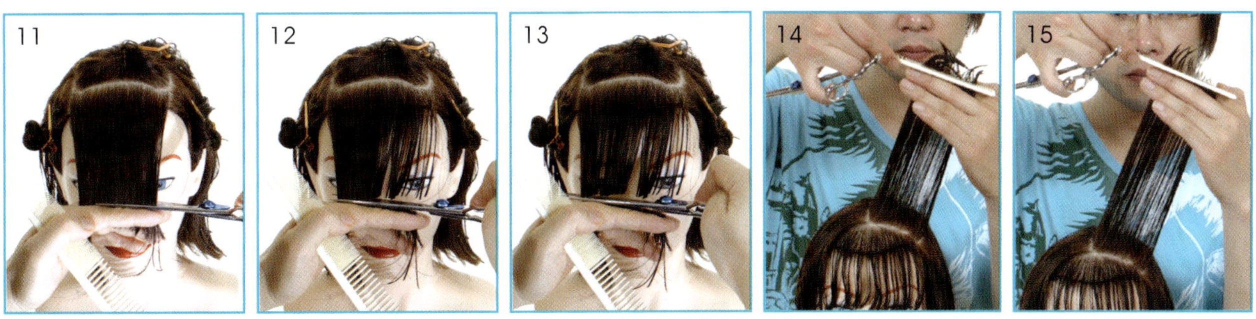

11~13. F.S.P~F.S.P까지 2~3cm 커트 판넬을 떠서 가위를 안쪽에서 시술한다.

14~16. F.S.P~T.P~F.S.P선은 앞머리 제외한 부분은 일반 시술각 90°로 시술한다.

17~20. F.S.P~T.P~F.S.P선은 앞머리를 제외하고 반대쪽도 일반 시술각 90°로 시술한다. 이때 두상곡면에 판넬에 그대로 연장되는 것에 주의해야 한다.

솔리드 실습 예 4(시술각의 변화)

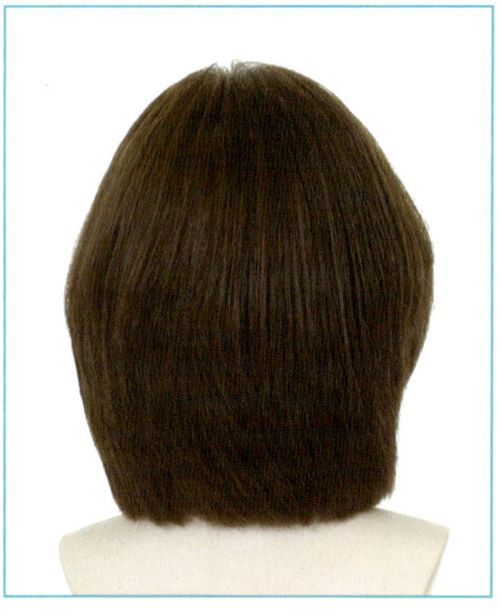

1) 도해도

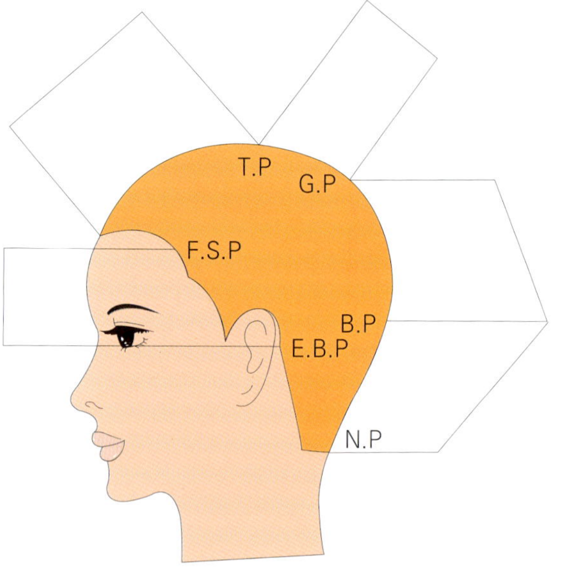

2) 시술방법

① N.P~B.P 길이를 일직선으로 시술한다.
② B.P~G.P까지 수평 파팅에 수직 섹션으로 일반 시술각 90˚로 온더베이스 시술한다.
③ B.P~T.P까지 방사형 섹션에 일반 시술각 90˚로 시술한다.
④ E.B.P~F.S.P선까지 얼굴쪽으로 직각으로 빗질하고 손가락 각도가 자연 시술각 90˚로 시술한다.
⑤ F.S.P~T.P~F.S.P선은 가르마를 나누고 앞머리 시술후 일반 시술각 90˚로 시술한다.
⑥ 분할하여 예쁜 스타일 만들기(질감처리).

1~7. B.P~G.P까지 일반 시술각 90° 온더 베이스로 시술한다.

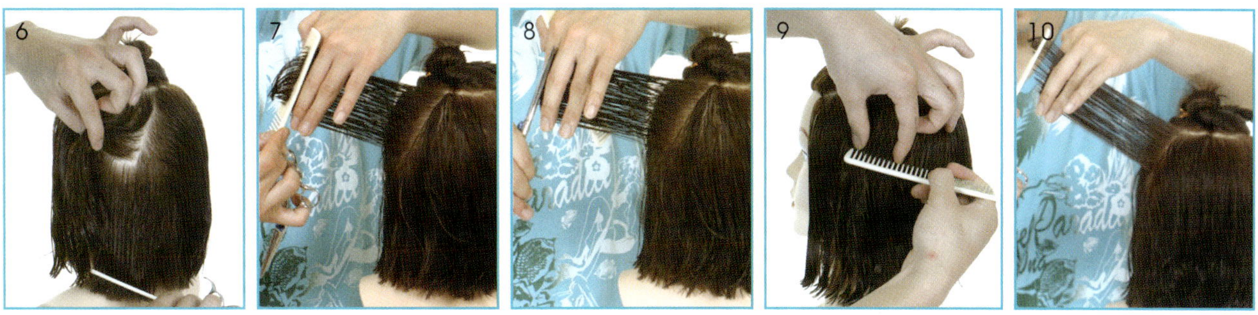

9~10. 밑머리는 모발이 없기 때문에 길게 빼준다.

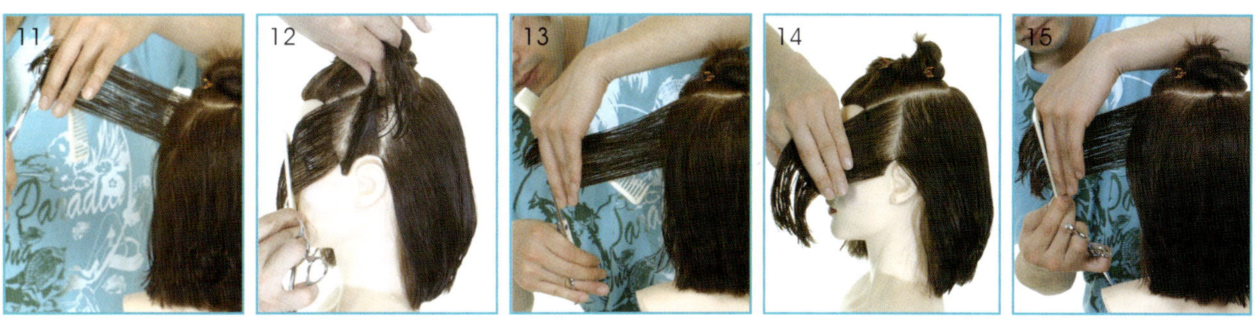

11. 온더 베이스에 일반 시술각 90°로 시술한다.

12. 이 영역은 아래에 모발이 없기 때문에 밑머리 길이에 주의해야 하고 사선 섹션으로 판넬을 떠서 시술을 해야 떨어지는 모발이 자연스럽다.

13~15. 사선섹션으로 판넬을 떠서 일반 시술각 90°로 시술한다.

16~18. 반대편 B.P~G.P도 수평 파팅에 수직 섹션으로 일반 시술각 90°온더 베이스로 시술한다.

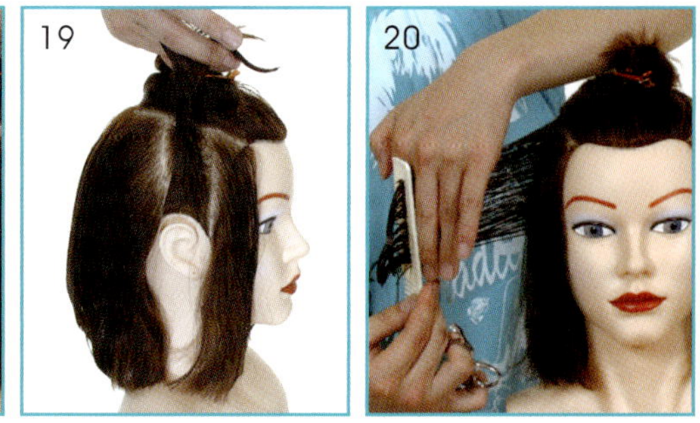

19~20. 사선으로 판넬을 뜨고 밑머리 부분에 주의하면서 일반 시술각 90°로 시술한다.

21~22. T.P~G.P 방사형섹션의 중앙부분에 판넬을 뜬다.

23. G.P에서 온 가이드로 G.P~T.P를 일반 시술각 90°로 시술한다.

24~25. T.P~G.P를 5개 영역으로 나누어서 일반 시술각 90°로 시술한다.

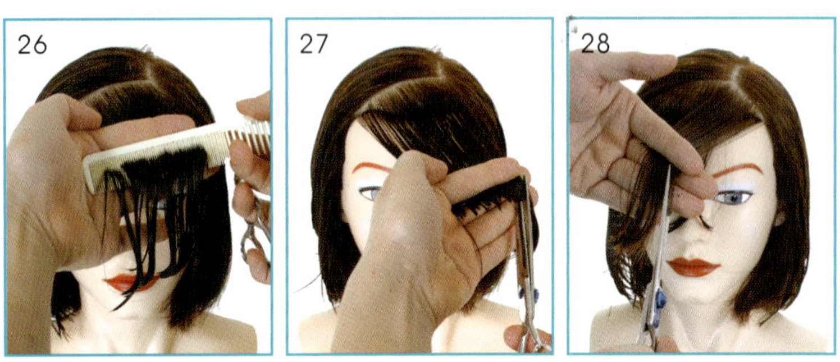

26~28. 반대쪽도 F.S.P 선에서 가이드를 가지고 가르마에서 나온 가이드랑 연결하여 커트한다.

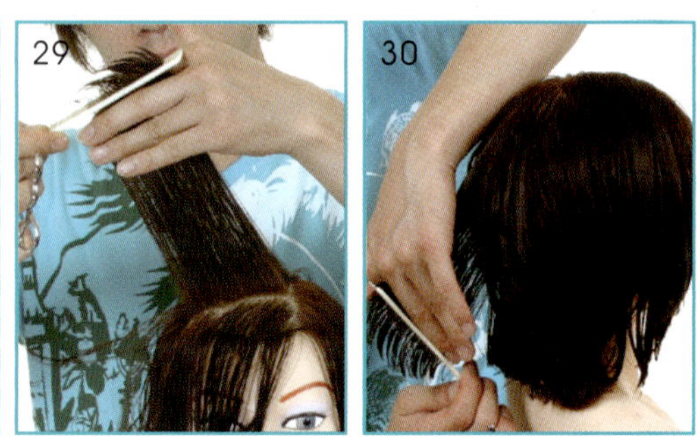

29~30. 앞머리에서 제외된 남는 모발은 유니폼레이어로 낫칭 커트한다.

4. 그래쥬에이션(∩선 만드는 방법)

1) A라인 만드는 방법

길이가이드를 설정하고, ①번 영역에서 길이가이드 보다 2 cm 짧게 자른 후 ②, ③번 커트 후, ④번 영역은 C.L에서 나온 가이드와 E.B.P와 연결하여 ∧라인을 만든다. 그리고 B.P 아래는 커트 형태의 선을 만든다.

기본형 두상이 적당히 튀어나온 사람을 시술할 때 사용한다.

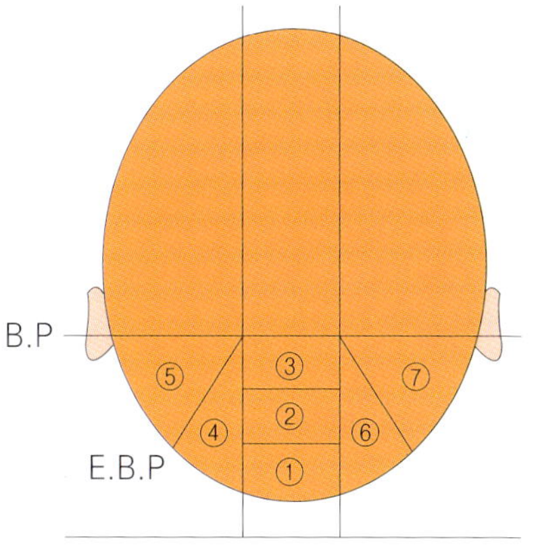

2) ∧라인 슬라이스를 먼저 뜨고, C.L에서 1 cm를 떠서 원하고자 하는 길이 가이드를 설정한다. 빗을 전대각으로 빗질하여 중심부의 가이드 라인과 연결한다. ①번을 시술 후 1번 가이드에 맞추어서 ②번을 시술한다. 좌, 우가 동일하게 시술되도록 한다. 두상이 밋밋한 사람에게 시술할 때 정확한 ∧라인을 시술하고자 할 때 사용한다.

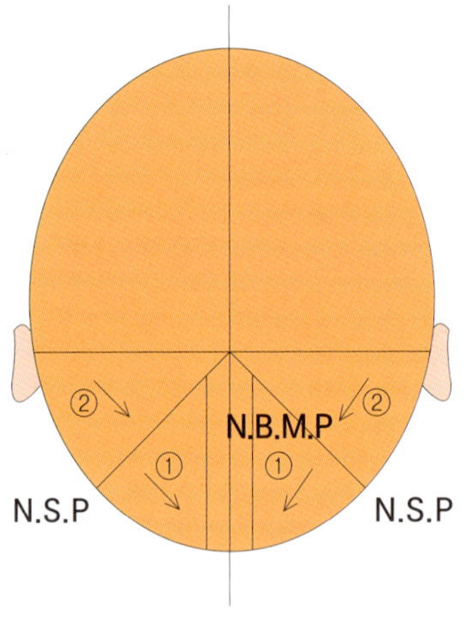

가이드 선전

그래쥬에이션 실습 예 1(베이스, 슬라이스, 시술각의 변화)

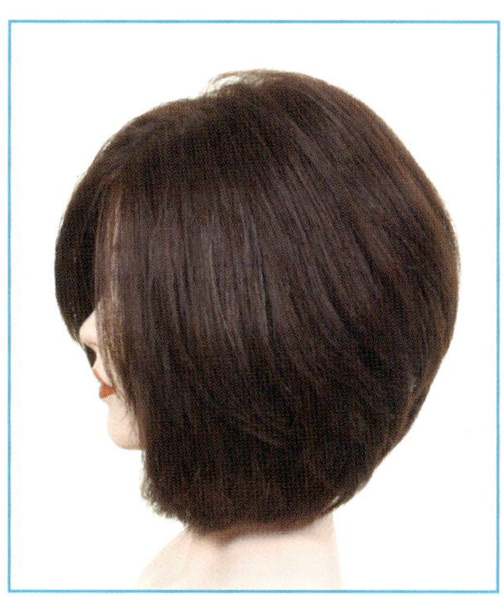

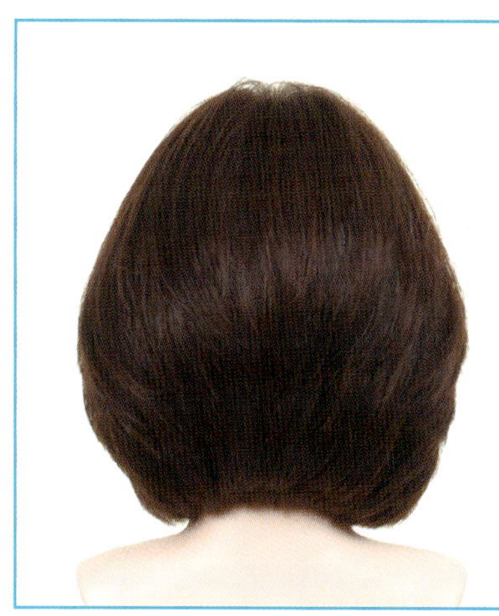

시술방법

① N.P~B.P 길이가이드를 설정하며 ∩라인을 시술한다.
② B.P~G.P 2번 영역까지는 E.P쪽으로 베이스를 이동하고 2번, 3번 영역은 C.L쪽으로 베이스를 이동하고 자연 시술각 90°로 시술한다.
③ G.P~T.P 방사형섹션으로 나누고 입체감을 만들어 주기 위해 일반 시술각 45°로 시술한다.
④ S.C.P~F.S.P까지는 수직 섹션에 자연 시술각 90°로 시술한다.
⑤ F.S.P~T.P~F.S.P 앞머리 브로킹을 나누고 F.S.P선 가이드로 삼각 브로킹을 타서 교차하며 파팅하고 나란히 나머지 부분을 일반 시술각 90°로 시술한다.
⑥ 질감처리하여 예쁜스타일 만들기 한다.

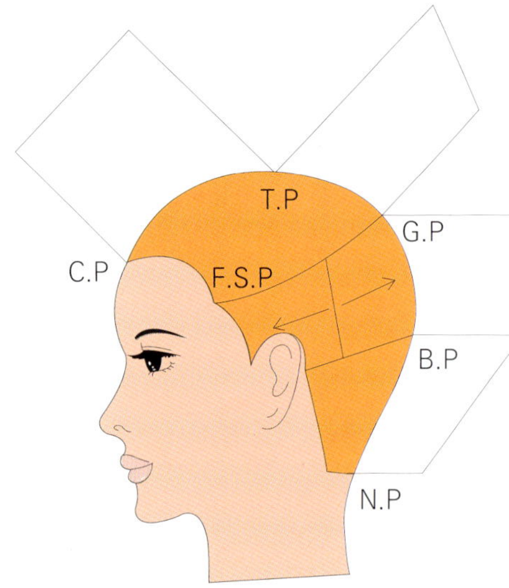

1. 시술전 상태이다.

2. 두상곡면을 빗질각도 45°로 시술한다.

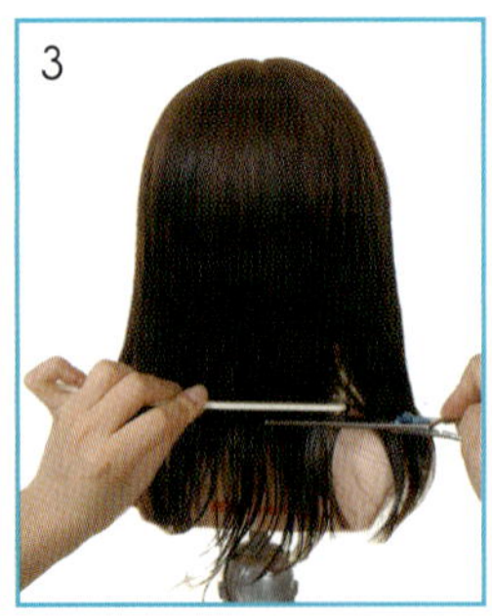
3. 길이를 설정하고자하는 2 cm를 남겨 지면 빗질각도를 0°로 하고 고운살에 10 cm를 빗등에서 1 cm를 돌출시켜 자른다.

4. 빗등하고 가위가 일자인 평행한 상태를 유지해야 한다.

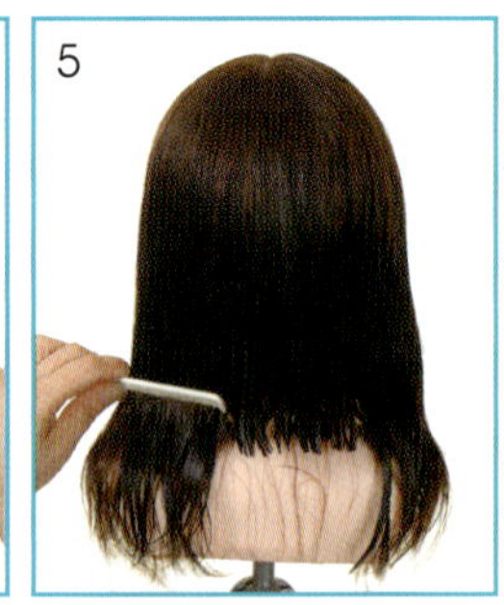
5. 양쪽 모발도 두피면을 밀착하여 45°로 빗질한다.

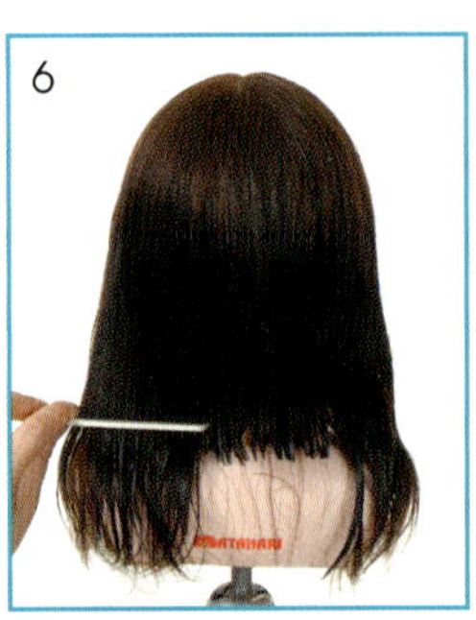
6. C.L에서 잘린 모발에 가이드에 맞추어 자연 시술각 0° 상태로 빗등이 보이게하여 트위스트 베이스하여 C.L에서 일직선 커트한다.

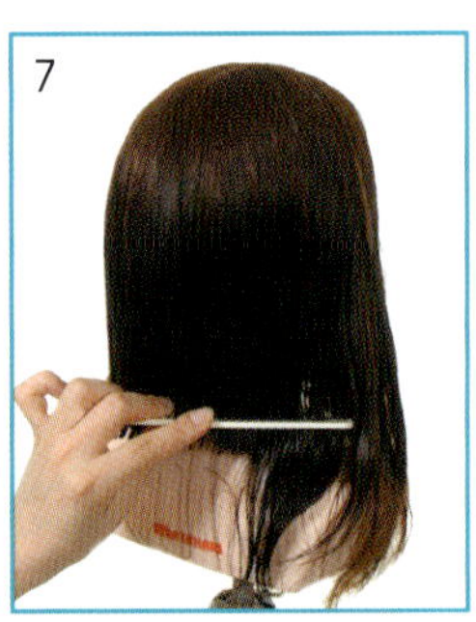

7~8. 반대편도 동일한 방법으로 시술한다.

9~10. C.L에서 1.5씩 양쪽에서 중심부에 파팅을 뜬후 2 cm 간격으로 파팅을 뜬다.
이때 빗질로 45°기울기로 파팅을 나눈다.

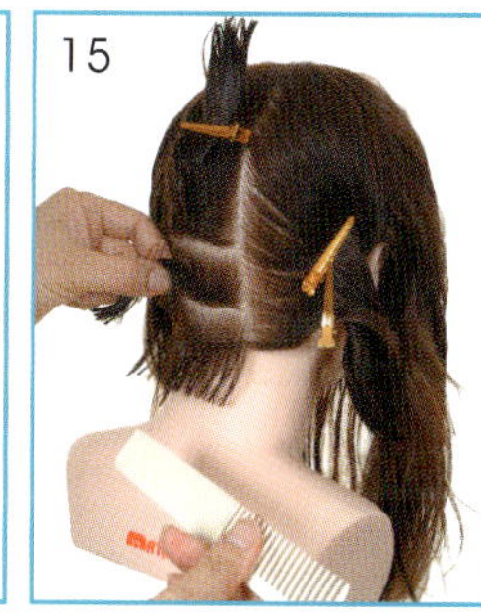

11. 시술각은 45˚로하고 N.P가이드보다 2 cm 짧게 설정한다.

12. 가로로 하여 2 cm 짧게 설정하여 커트한다.

13~15. ①번에 나온 가이드를 ②번 섹션을 떠서 한 판넬을 만든다. 이때 한 판넬의 간격은 2 cm이다.

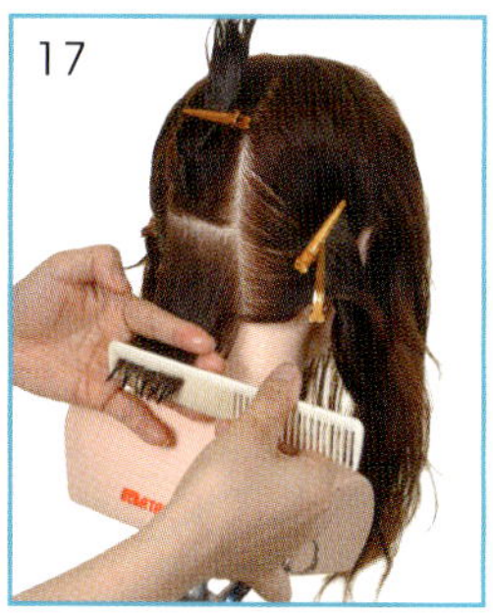

16. 빗질은 항상 두피면을 곱게 판넬을 뜰수 있는 자연 시술각 45˚이다.

17~18. ①번에서 나온 가이드에 맞춰 ②번도 자연 시술각 45˚로 커트한다.

19~20. ②번에서 나온 가이드에 맞추어 ③번 판넬을 만든다.

21~22. ③번 판넬은 ②번의 가이드에 맞추어 자연 시술각 45˚로 시술한다.

23~24. C.L에서 시술한 모발을 가이드로 하여 E.B.P로 사선 파팅을 뜬다. 이때 검지는 E.B.P에서 점을 찍으면서 안내를 한다.

25. C.L에서 시술한 모발을 1 cm를 가이드로 하기 위해 파팅을 뜬다.

26. C.L에서 시술한 모발과 E.B.P에서 온 가이드를 연결하기 위해 파팅선과 손가락을 나란히 시술을 위해 두피에 밀착하여 빗질한다.

27. 파팅선과 손가락을 나란히 하여 커트한다.

28~29. 이때 자연스런 선을 시술하기 위해 낫칭으로 커트한다.

30. 다시 한번 모발을 내려 빗고 선을 만든다.

31. 연결해서 빠진 부분 다시 한번 체크한다.

32~33. ④번 영역에서 나온 가이드에 맞추어 ⑤번 영역까지 선을 시술해준다.

34. 반대편도 C.L에서 나온 모발과 E.B.P에서 연결하기 위해 파팅을 뜬다.

35. C.L에서 나온 모발을 가이드로 가지고 가기 위해 1 cm 판넬을 뜬다.

36. 파팅선과 손가락을 나란히 커트하기 위해 빗질한다.

37. C.L에서 나온 모발과 E.B.P에서 모발을 연결하여 커트한다.

38. B.P아래 나머지 판넬을 풀어준다.

39. B.P 아래의 모발을 ④번 영역의 가이드에 맞추어 커트하기 위해 빗질한다.

40. B.P 아래의 모발을 ④번 영역의 가이드에 맞추어 커트한다.

41. B.P~G.P 수평 파팅에 수직 섹션 커트에 한판넬을 뜬다.

42~43. B.P~G.P 수평 파팅에 수직 섹션에 자연 시술각 90°로 온더 베이스 커트한다.

44. 판넬을 들어서 시술한 모발은 떨어뜨린 상태로 빗질한다.

45~47. ②번 영역에서 판넬을 떠서 C.L까지 베이스를 이동하여 자연 시술각 90°로 커트한다.

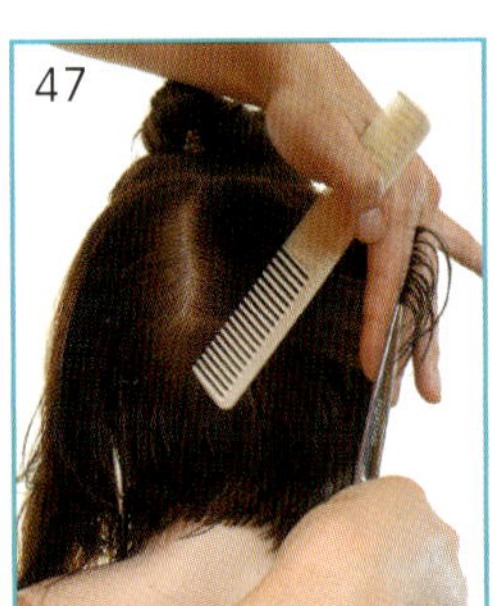

48. 판넬을 들어서 시술한 모발을 떨어뜨린 상태로 빗질한다.

49~50. ②번 영역에서 C.L까지 베이스를 이동하여 자연 시술각 90°로 커트한다.

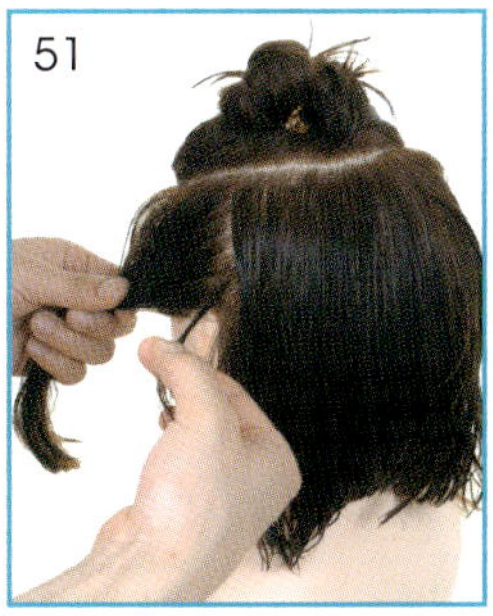

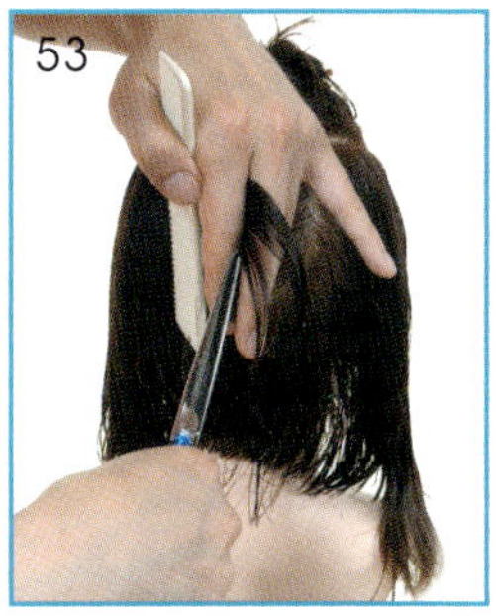

51. 베이스에서 가져온 가이드를 가지고 수평 파팅에 수평 섹션을 떠서 자연 시술각 90°로 시술한다. 반대쪽 커트한 판넬을 뜨기 위한 자세이다.

52. 베이스를 C.L쪽으로 끌어당겨서 자연 시술각 90°로 시술한다.

53~55. 또 다른 ②번 영역도 판넬을 떠서 C.L쪽으로 베이스를 끌어 당겨 자연 시술각 90°로 시술한다.

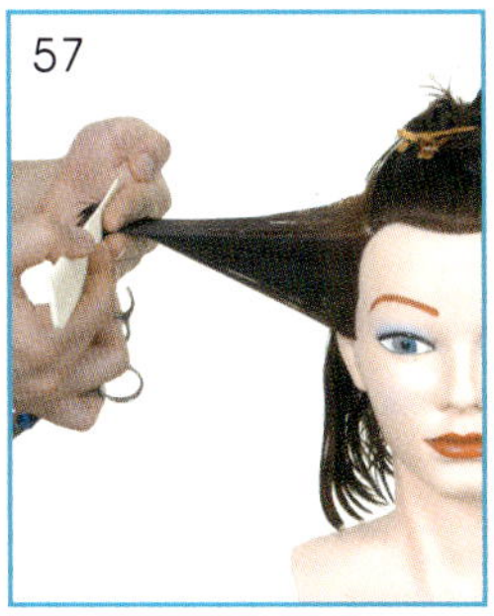

56~57. S.C.P~F.S.P를 한꺼번에 판넬을 떠서 파팅하고 나란히 자연 시술각 90°로 시술한다.

58. G.P~T.P는 방사형섹션을 떠서 일반 시술각 45°로 시술한다.

59~60. T.P에서 가이드가 결정되면 U라인에서 만들어진 가이드와 연결하여 시술한다.

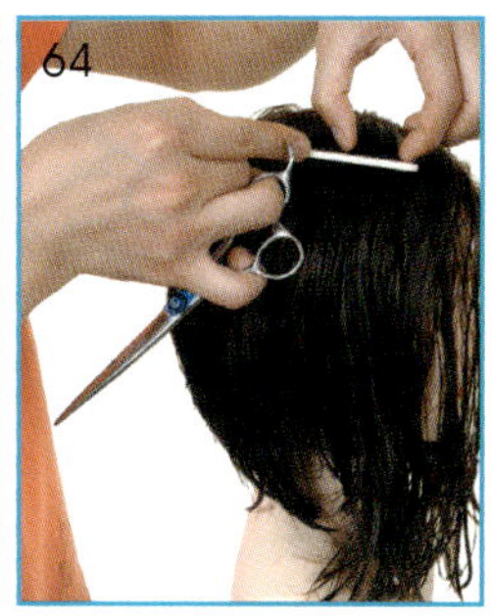

61~63. T.P에서 결정된 가이드를 가지고, U라인 영역에서 결정된 가이드랑 연결하여 커트한다.

64. F.S.P~T.P~F.S.P는 먼저 앞가르마를 나눈 후 가르마에서 F.S.P선까지 커트한 판넬을 뜬다.

65~66. F.S.P선에서 나온 가이드에 맞추어서 일반 시술각 90°로 낫칭 커트한다.

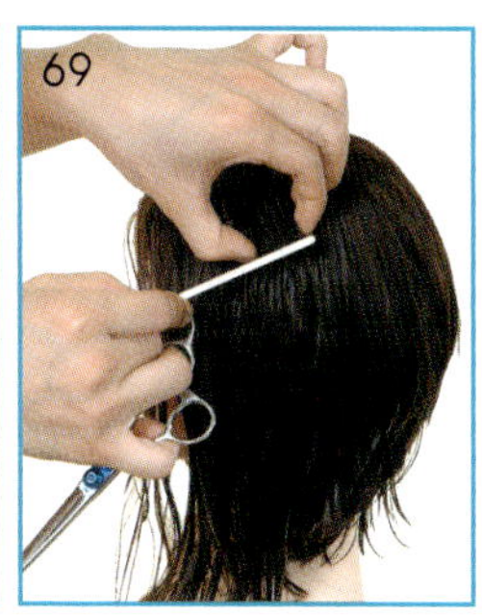

67~68. 다음 판넬도 같은 방법으로 시술한다. 이때 F.S.P선 영역에 모발이 없기 때문에 베이스를 뒤쪽으로 약간 당겨 모발이 없는 길이를 채워야 짧아지지 않는다.

69~70. 가르마를 탄 반대쪽도 일반 시술각 90°로 시술한다.

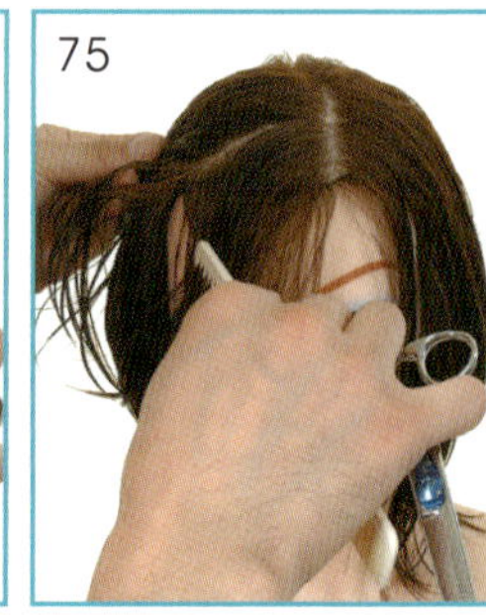

71. 자연스런 스타일의 융합을 위해 낫칭 커트한다.

72~73. 가르마에서 F.S.P선 수직로 섹션을 떠서 모발이 없는 것 만큼 베이스를 이동하여 일반 시술각 90°로 시술한다.

74~75. 가르마에서 폭 2~3 cm를 나눠서 F.S.P선과 연결하여 삼각 파팅을 뜬다. 삼각 파팅을 뜨는 이유는 서로의 모발이 융합하기가 쉽다. 어우러짐이 자연스럽게 하기 위해 삼각 파팅을 뜬다.

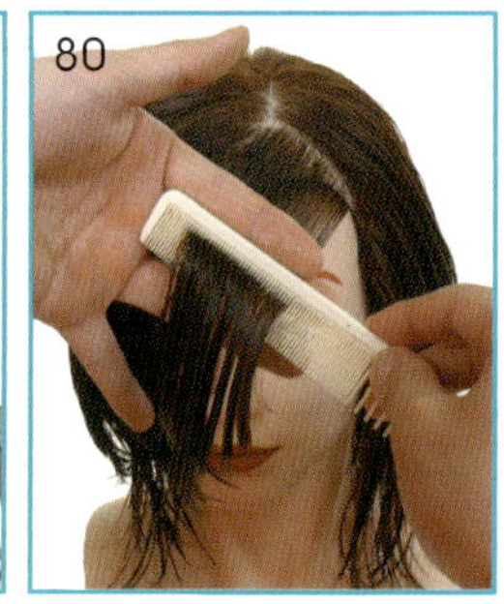

76. 파팅선과 손가락을 나란히 하여 낫칭커트로 시술한다.

77~78. 좀더 층폭을 많이 주기 위해서 다시 반 파팅선을 또 탄다.

79. 파팅과 손가락이 평행보다 층폭을 주기 위해 인크리스 레이어로 시술한다.

80. 반대쪽도 F.S.P선에서 가이드를 가지고 가르마부분에 가이드와 연결하여 커트한다.

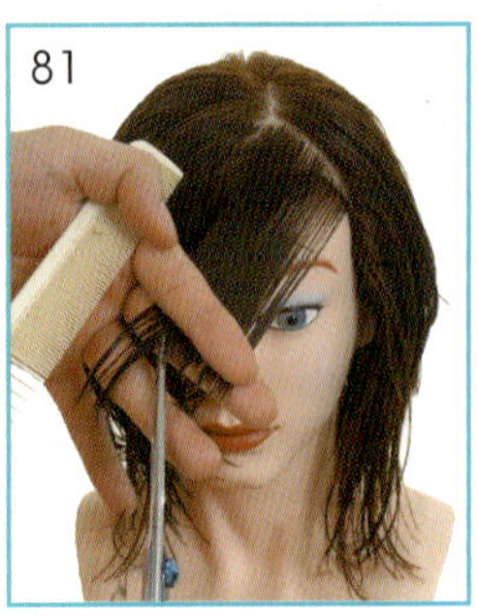

81. 자연스럽게 떨어짐을 위해 낫칭커트로 시술한다.

82~83. 옆선을 시술하기 위한 파팅을 나눈다.

84. S.C.P의 모발을 가이드로 선택한다.

85. S.C.P의 모발을 가이드로 C.L에 있는 부분의 포인트점에 길이를 확인한다.

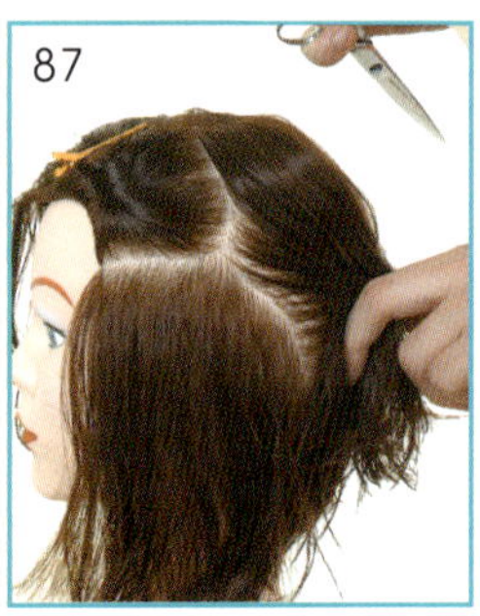

86. S.C.P의 가이드와 E.P 가이드를 연결한다.

87. 반대편도 동일하게 옆선을 시술하기 위한 파팅선이다.

88~89. S.C.P 가이드를 이전에 포인트점에 설정했던 길이 만큼 모발의 길이를 결정한다.

90. S.C.P의 가이드와 E.P의 가이드를 연결하여 옆선을 시술한다.

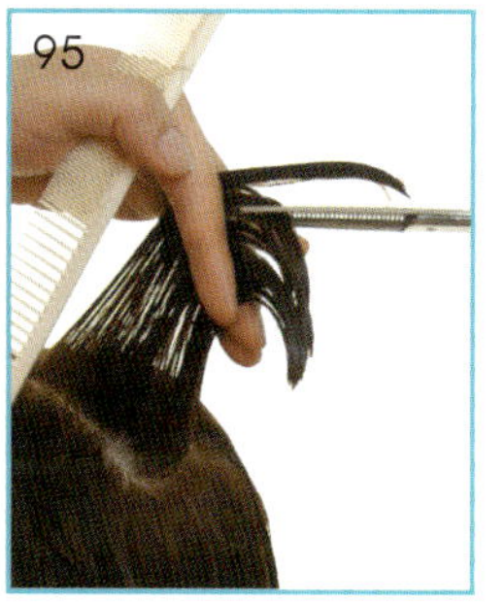

91. 볼륨을 주기 위해 이 그래쥬에이션 틴닝을 밑머리가 짧고 윗머리가 길게 사선으로 넣어준다.

92. 끝부분에 볼륨을 주기 위해 C컬을 유지할 수 있는 길이가 12~15 cm 길이에 반 6~7 cm 시작하여야 자연스런 C컬의 볼륨을 얻을 수 있다.

93. 틴닝이 한번에는 자연스런 질감을 얻을 수가 없다. 두번째 틴닝을 넣어주는 방법이다. 위가 길고 아래가 짧게 컷이 되게 사선으로 집어주고 커브를 그리면서 가위를 뺀다.

94. 3번째 틴닝을 넣어주고 커브를 그리면서 가위를 뺀다.

95~99. 한 판넬을 2, 3등분으로 나누어서 위의 방법과 동일하게 틴닝을 넣어준다.

100. 이 영역은 모량제거를 시술해 줘야 한다.

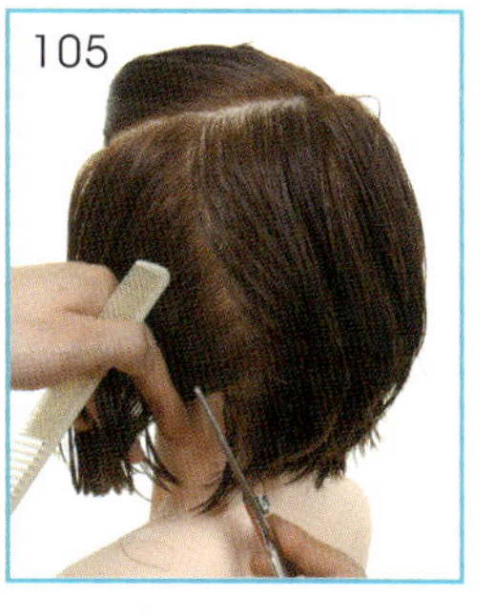

101. 이 영역을 볼륨을 줄 부분과 모량제거 할 부분을 나눈다.

102~105. 뒷모발을 앞쪽으로 당겨서 앞모발이 짧고 뒷모발이 길게 모량제거와 골격보정을 위해 틴닝가위로 시술한다. 두상이 넓어 보이는 것을 방지하기 위해 여기 부분에 모량제거를 하게되면 포워드 방향으로 흐름을 자연스럽게 연출할 수 있다.

106

107

108

109

110
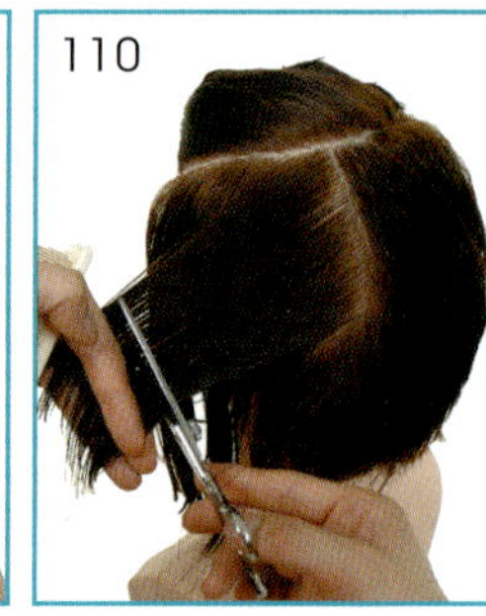

106. 그 아래 부분도 동일한 방법으로 시술한다.

107~110. 이 영역까지는 뒷모발을 앞쪽으로 빗질하여 앞쪽의 모발이 짧고 뒷쪽의 모발이 길게 틴닝으로 시술한다. 이렇게 시술하면 포워드 방향의 흐름이 자연스럽게 연출된다.

111
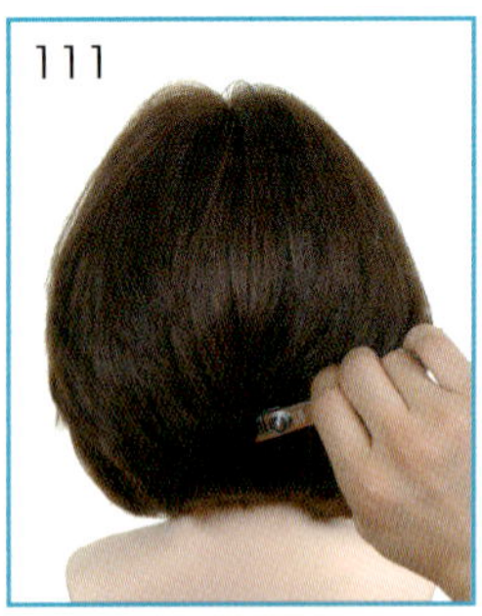
112
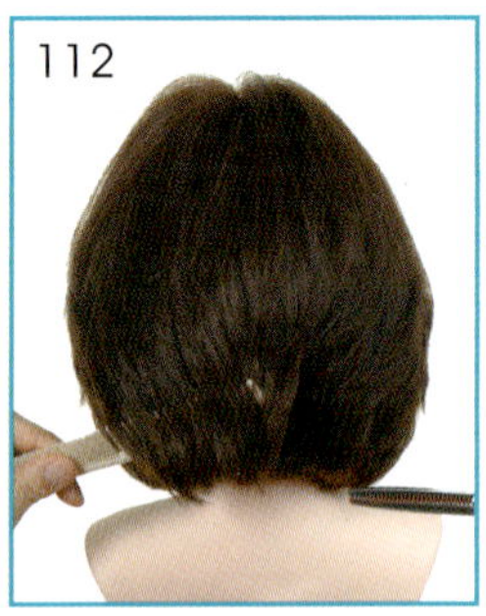
113
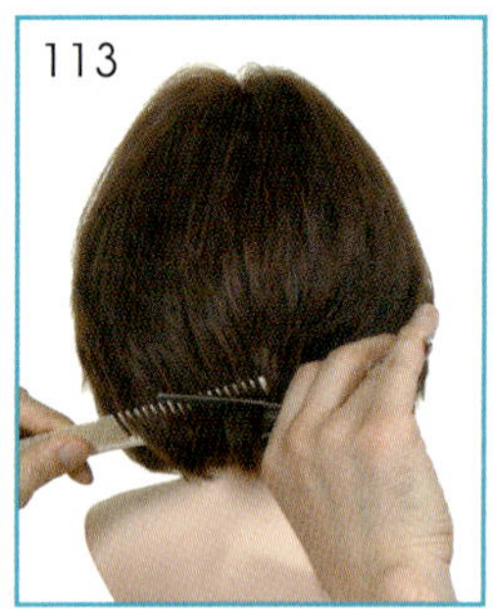
114
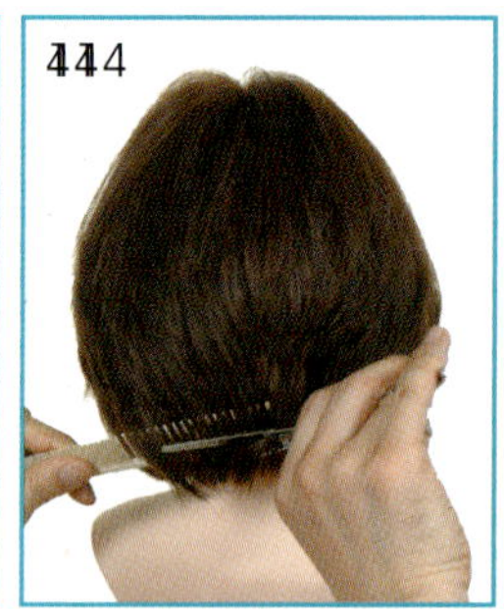
115
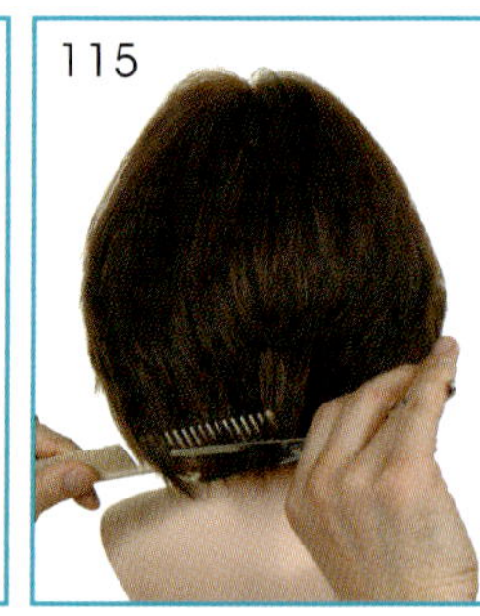

111. 커트를 한 스타일을 말려서 보면 무게가 생기는 부분이 생긴다. 이곳을 가위로 판넬을 뜬다.

112~113. 빗으로 선을 잡아주고 모발은 본래의 시술했던 각도보다 up 45°를 들어서 틴닝가위로 3번 집어준다.

114~115. 그 아래에 판넬도 동일한 방법으로 시술한다. 빗은 선을 만들어 시술각을 up 45°하여서 틴닝을 3번 집어준다.

116
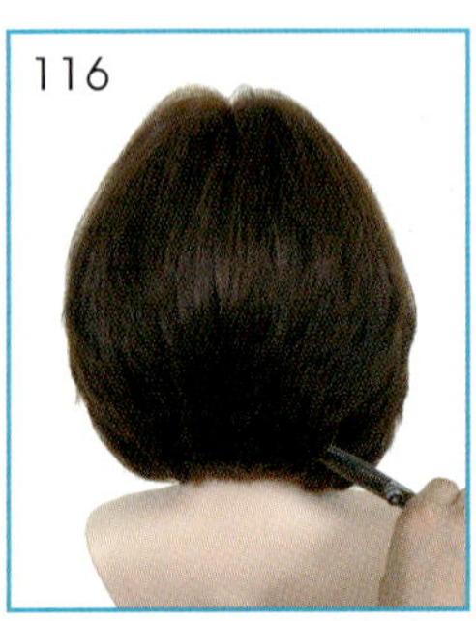
117

118
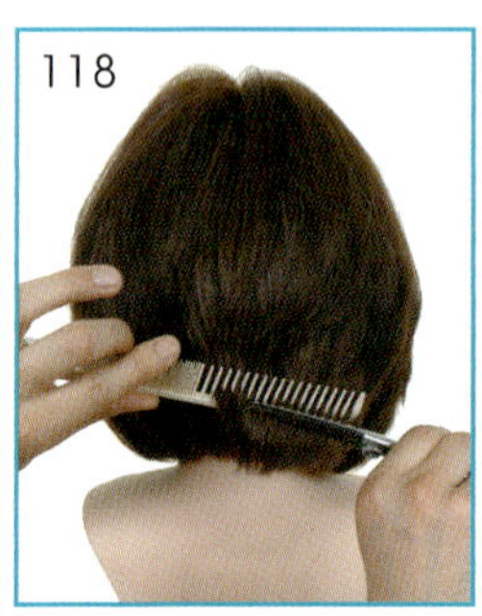
119

120
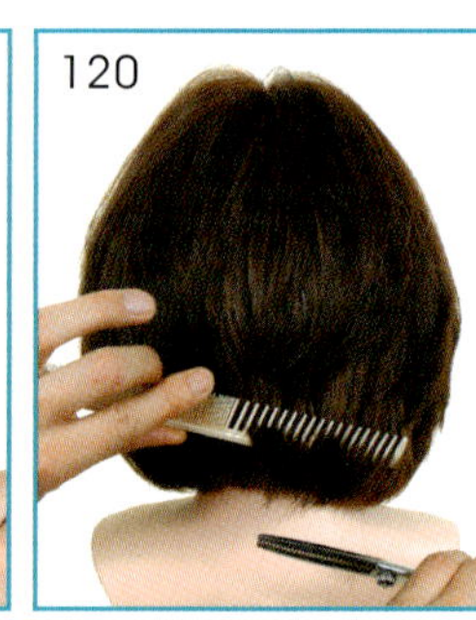

116. 반대편도 무게가 생긴부분은 가위로 판넬을 뜬다.

117~120. 빗은 선을 만들어 시술했던 각도보다 up 45°하여서 틴닝을 3번 집어준다.

그래쥬에이션 실습 예 2(길이, 슬라이스, 베이스, 시술각의 변화)

시술방법

① 길이가이드를 설정하여 ∩라인을 시술한다.

② B.P~G.P 자연 시술각 90˚로 베이스를 C.L쪽으로 끌어 당겨서 시술한다.

③ G.P~T.P 일반 시술각 90˚로 시술한다.

④ S.C.P에서 가이드를 시술한다. 뒤에서 나온 가이드와 연결한다.

⑤ S.C.P에서 F.S.P선까지 열선을 시술한다.

⑥ F.S.P~C.P까지는 떨어지는 순서 빗이 일자가 되게 시술한다.

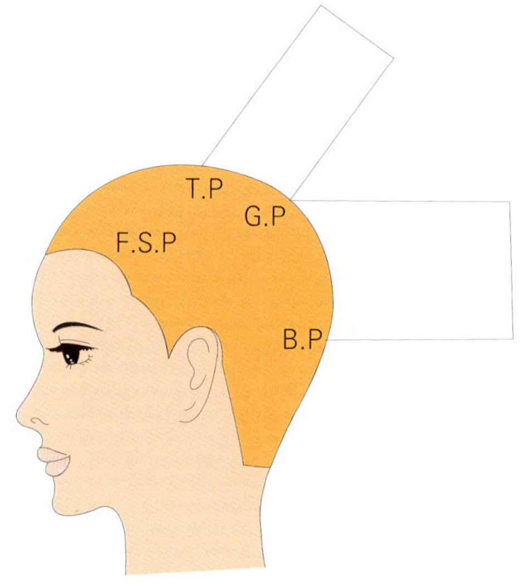

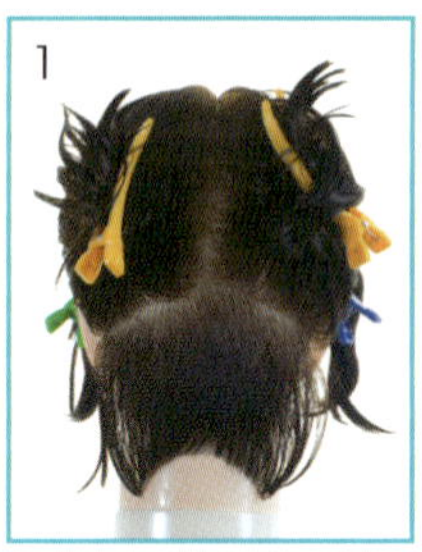

1. ∩선을 시술하기 위해 파팅을 타놓은 상태이다.

2. 중심부에서 시술각을 주어 길이 가이드를 설정한다.

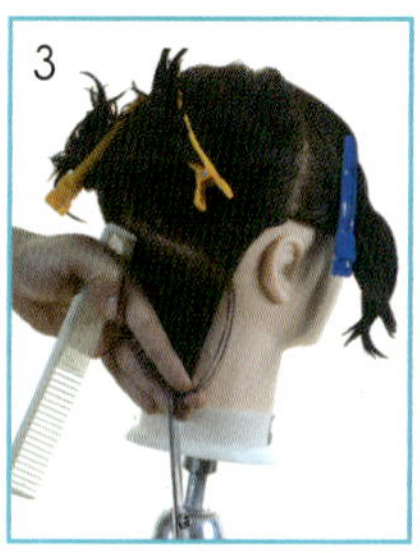

3. E.B.P 가이드와 연결하여 라인을 만든다.

4~5. 파팅과 평행하게 하여 A라인을 만든다.

6. 반대편도 동일한 방법으로 시술한다.

7. B.P에서 가이드로 자연시술각 90˚로 온베이스로 G.P까지 시술한다.

8. 베이스를 C.L쪽으로 밀면서 자연시술각 90˚로 시술한다.

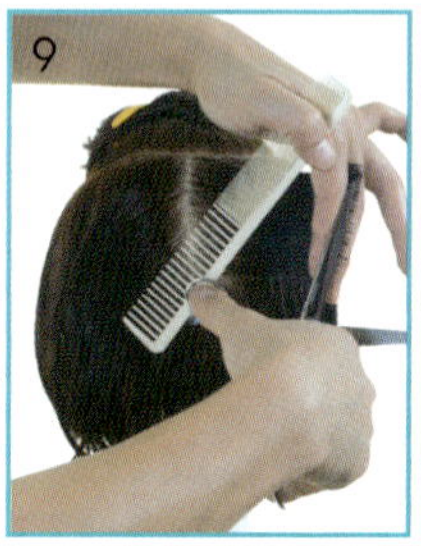

9. C.L쪽으로 베이스를 밀어서 시술한다.

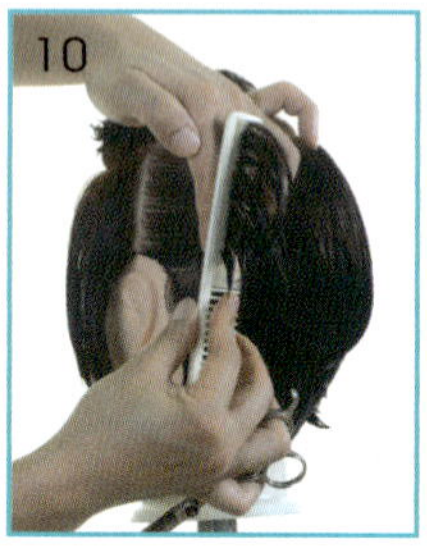

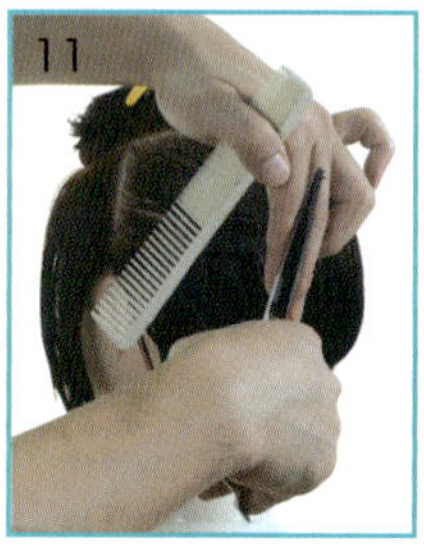

12. S.C.P에서 가이드를 설정하여 중심부에서 온가이드와 연결한다.

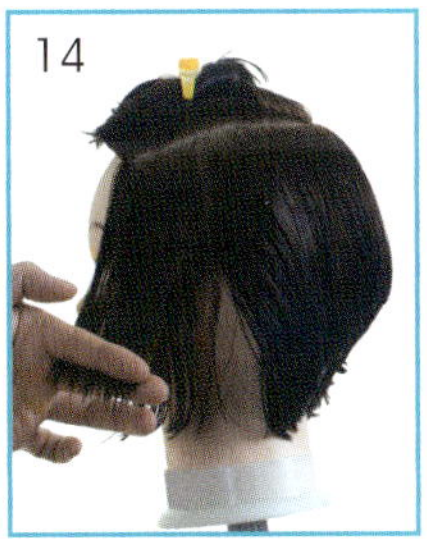

13~14. 옆선을 시술하기 위해서 가이드와 가이드를 연결한다.

15. 옆선의 모발을 순서대로 떨어뜨리기 위해 다시한번 시술한다.

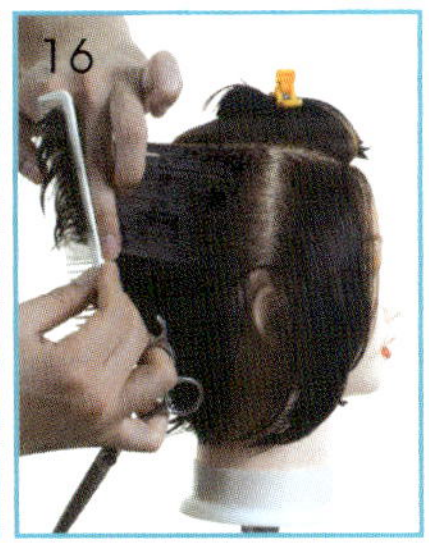

16. 반대편도 C.L쪽으로 밀면서 자연시술각 90˚로 시술한다.

17. C.L쪽으로 베이스를 밀면서 시술한다.

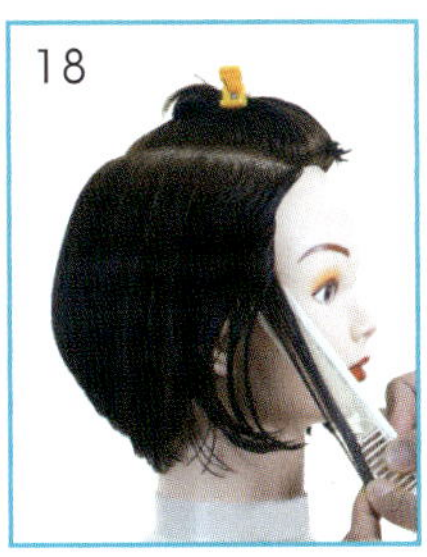

18. 옆선의 길이 가이드를 설정한다.

19. 뒷선과 연결한다.

20. G.P~B.P까지 일반시술각 90˚로 시술한다.

21. 반사형으로 시술한다.

22. 알머리를 순서대로 떨어뜨린다.

23~24. 시술해 놓은 상태

Chapter 3

유니폼 레이어와 길이의 변화

1. 유니폼 레이어(베이직 레이어)

학습목표

- 커트의 자세와 모발의 길이 변화에 따라 커트의 형태가 달라짐을 알 수 있다.
- 올바른 자세와 모발의 길이 변화에 따른 커트를 시술할 수 있다.

1) 특 징

① 두상에 따라서 일정한 길이로 커트한다.

② 정확하게 커트하는 방법은 두상의 곡면을 알아야 한다. 곡선이 심한 부분은 본인도 모르는 사이에 각도가 틀어져 버린다.

③ 두상에서 일정한 길이로 커트 하며, 길고 짧음에 따라 스타일이 변화한다.

④ 스카랩 상태를 최소화 시켜야 한다.

⑤ 모발의 잘린 단면이 보이고, 두상의 생긴 모양의 연장이다.

⑥ 머리전체를 두피와 평행하게 90°로 끌어내어 온더베이스 커트를 하면 곡면과 연장된 헤어스타일을 만들 수 있다. 하지만 두상이 곡면체이기 때문에 올바른 위치에서 올바른 자세로 커트를 했을 때 원하는 스타일을 만들 수 있다.

2) 유니폼 레이어(일반 시술각 90°) 올바른 시술자세

올바른 자세	올바르지 않은 자세	시술하는 각도(모발을 들어 올릴 때 주의해야 할 각도)
		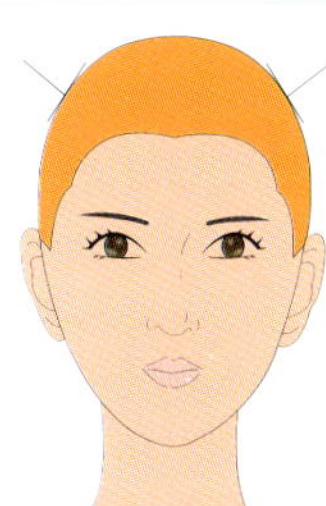 곡면에 수직인 자세로 커트하기가 쉽다. 한 판넬의 중앙에서 90°로 시술하는 것에 주의한다.
		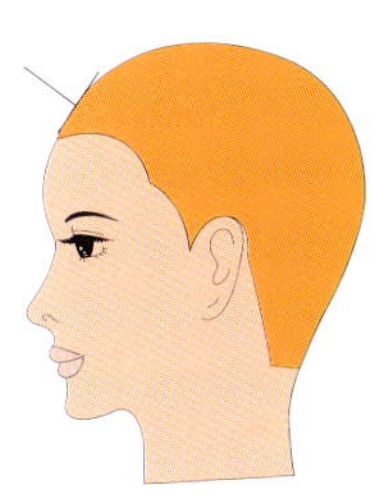 곡면에서 수직인 90°로 끌어내어 커트하는 자세에 주의한다. 곡면을 무시하고 수직으로 커트하면 앞머리 길이가 길어진다.
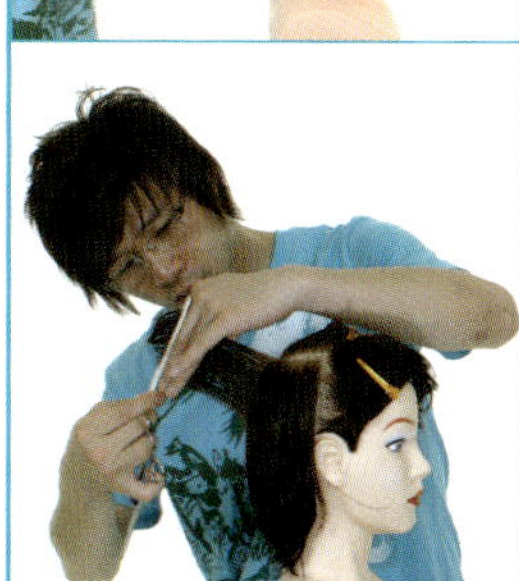		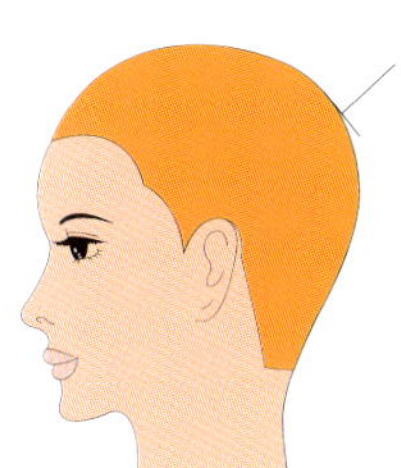 일반 시술각 90°로 시술하면 밑머리 짧아지지 않는다. 곡면에서 평행하게 시술하게 되면 밑머리가 짧아지는 것에 주의한다.

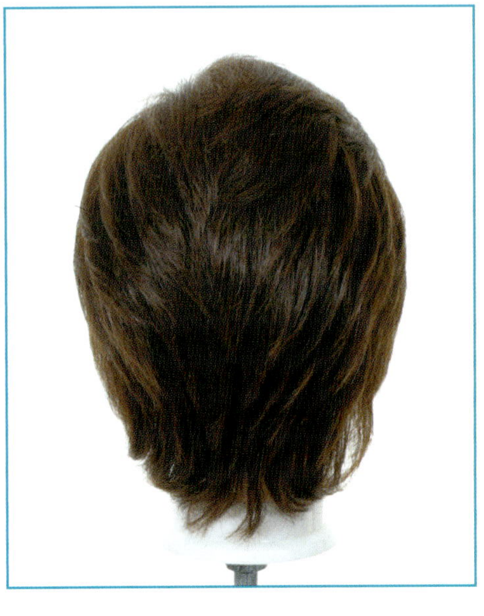

유니폼 레이어 실습 예 1
(영역 나누기에 자신이 없을 때 커트선은 더 정확하다)

(1) 특징

① 두상을 연장하여 동일한 길이로 커트한다.
② 길이에 따라 헤어스타일이 다르게 표현된다.

(2) 도해도

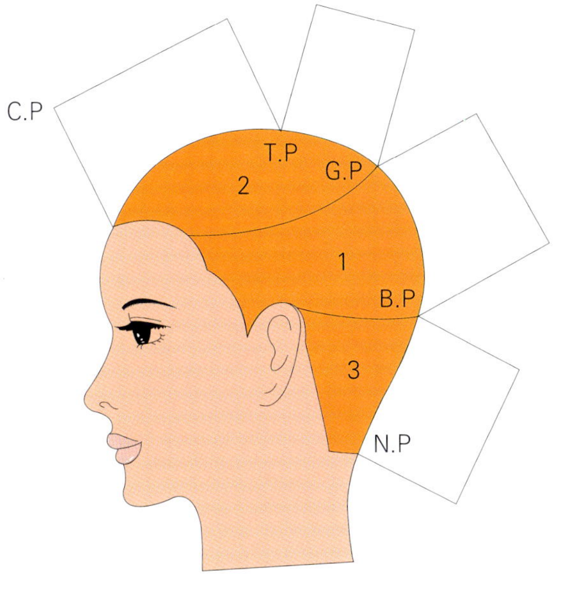

(3) 시술방법

① N.P에서 길이 가이드 설정
② U라인 블로킹을 탄다.
③ B.P~G.P까지 일반 시술각 90˚로 시술한다.
④ S.C.P에서 F.S.P선까지는 사선 베이스로 떠서 일반 시술각 90˚로 시술한다.
⑤ G.P~T.P까지는 방사형 섹션을 떠서 일반 시술각 90˚로 시술한다.
⑥ F.S.P~C.P까지는 수직 섹션을 떠서 일반 시술각 90˚로 시술한다.
⑦ N.P~N.B.M.P까지 시술 후 B.P까지 연결한다.
⑧ 섹션 분할을 하여 손질하기 편하게 질감처리한다.

1~2. 길이가이드를 설정하기 위해 일직선 커트를 시술한다. ②, ③에 트위스트 베이스하여 일자를 만든다.

3. U라인 블로킹을 탄다.

4~6. B.P에서 11 cm 가이드를 설정하여 온더베이스로 일반 시술각 90°로 시술한다.

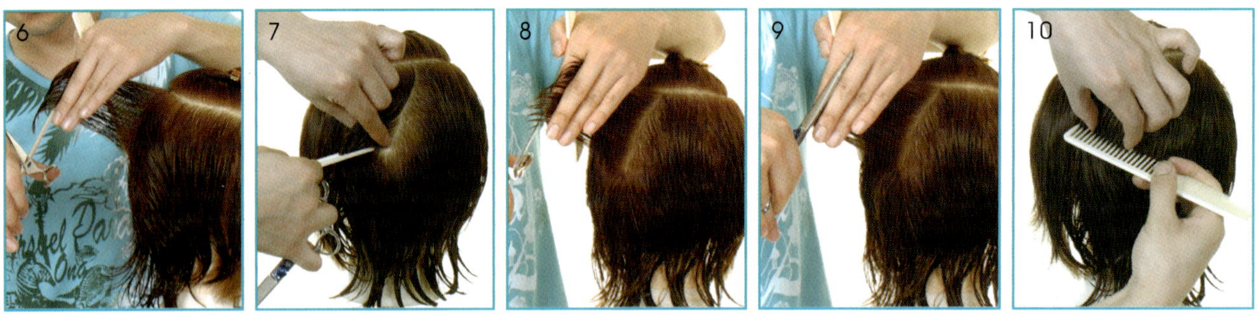

7~10. 파팅을 뜰때 ③, ④를 두상곡면대로 뜨는 것을 주의해야 한다.
빗질은 항상 두상곡면에 대해서는 일반 시술각 90°로 시술한다(자연시술각은 45°로 시술한다).

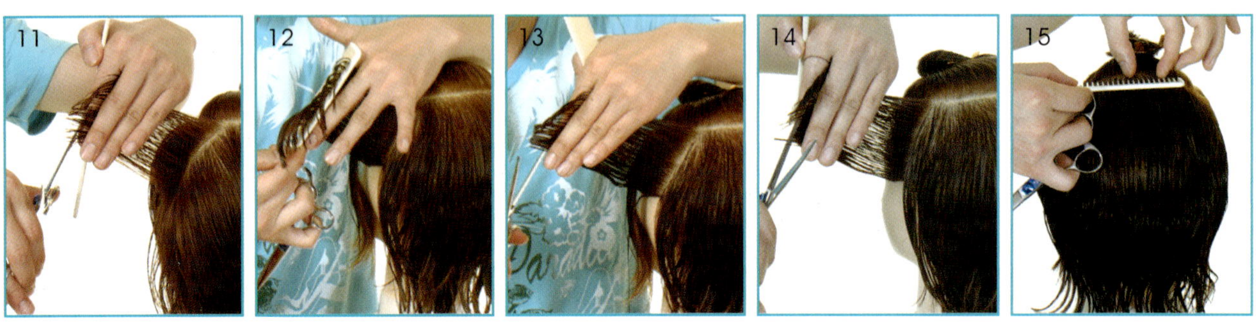

11. F.S.P~S.C.P선을 시술시에는 항상 사선으로 파팅을 떠서 커트하면 옆선의 흐름이 예쁘다.

12~14. 두상의 곡면과 제일 무난한 일반 시술각 90°로 시술한다. 여기에 S.C.P선의 느낌을 표현할 수 있는 곳이다. 이곳을 어떻게 해주느냐에 따라 얼굴형을 수정할 수도 있다.

15~16. 여기에 커트의 흐름을 예쁘게 해주기 위해 방사형 섹션의 파팅을 뜬다.

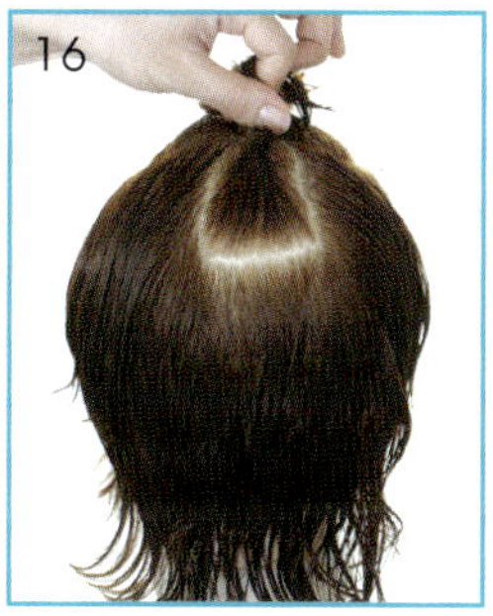

17~18. 곡면을 연장하는 일반 시술각 90°로 시술한다.

19. F.S.P~C.P까지는 수직 섹션으로 파팅을 뜨고 일반 시술각 90°로 시술한다.

20. 이 부분에는 조금만 자세가 흐트러지면 다른 스타일이 된다.

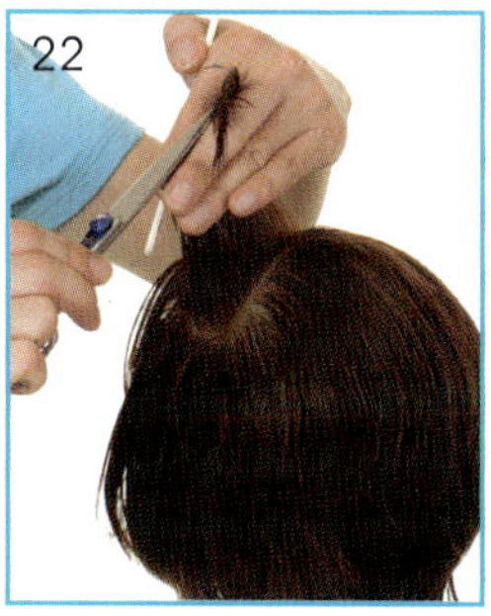

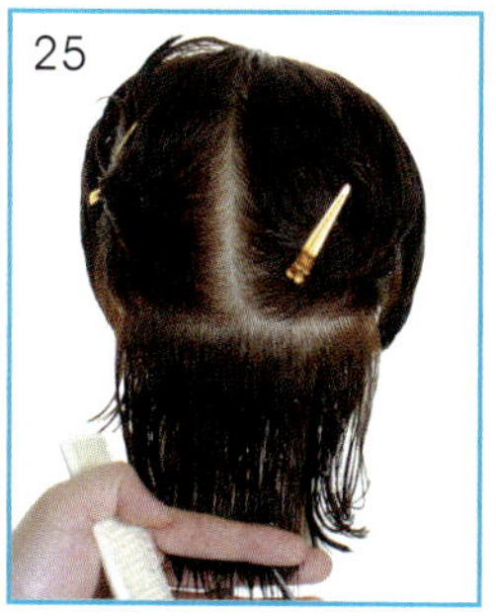

21~23. F.S.P~C.P 시술시 한 베이스를 뜨면 머리카락이 없는 영역이 생긴다. 이 영역이 머리카락이 없는것 만큼 베이스를 이동하여 커트한다.

24~26. N.P~N.B.M.P까지 가로로 시술하되 시술각을 계산하면서 커트한다. 이때 네이프의 길이가 길면 가볍고 길이가 짧으면 무겁기 때문에 커트를 시술시 길이 결정할때 헤어스타일이 결정된다.

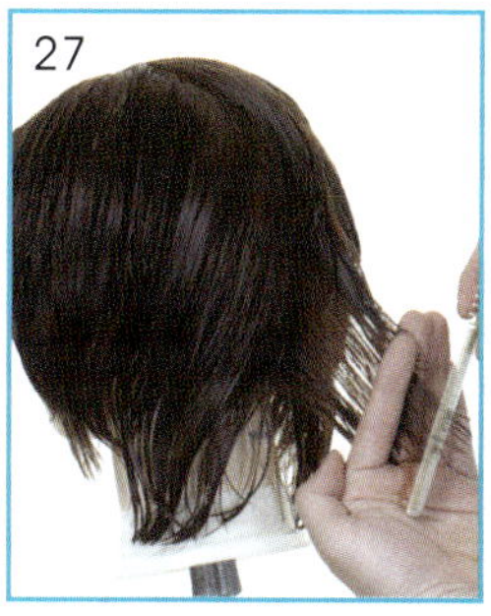

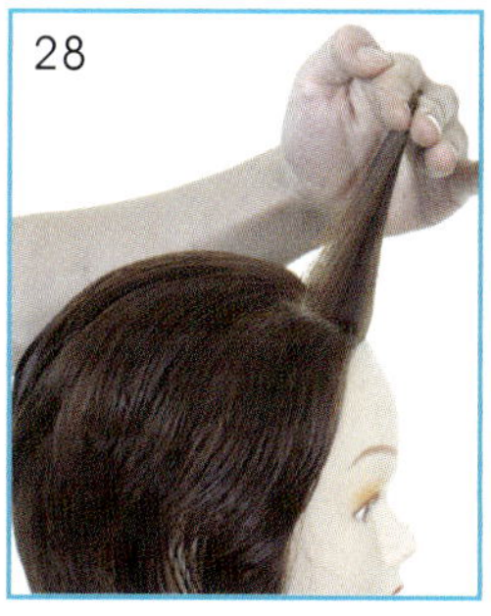

27. B.P~N.B.M.P를 연결한다. 센터 부분만 수직 섹션으로 연결하고 나머지는 방사형으로 연결하여 커트한다.

28. 이곳 자세에 주의한다.

29. 이곳에 파팅을 뜰때 주의한다.

30. 이곳 자세에 주의한다.

유니폼 레이어 실습 예 2(현장에서 많이 이용하는 시술순서)

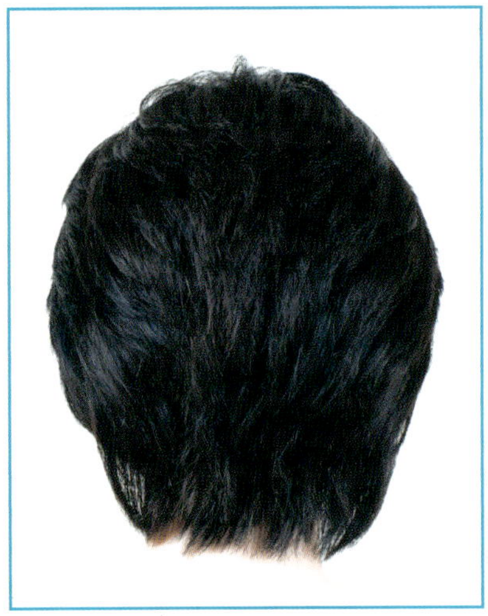

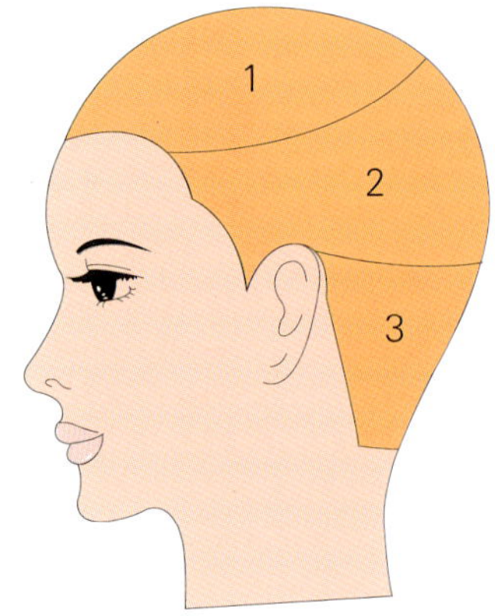

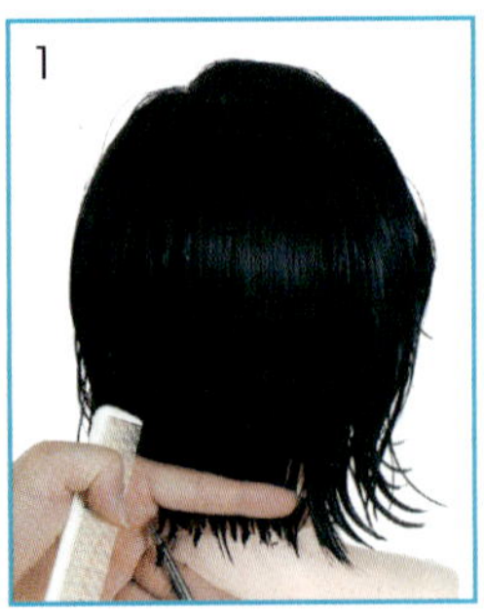

1. 후하부에서 빗질하여 길이가이드를 설정한다.

2. 가르마를 중심으로 양쪽에서 2 cm씩 떠서 4 cm의 모발의 판넬을 뜬다.

3. 전두부 첫번째 판넬을 일반시술각 90°로 들어서 빗으로 길이가이드 10 cm를 설정한다.

4. 설정한 판넬을 일반시술각 90° 커트한다.

5. C.L에서 시술한 판넬을 본래의 가르마대로 모발을 빗질한 후 U라인 영역까지 C.L에서 가져온 모발 길이에 맞추어 일반시술각 90°로 시술한다.

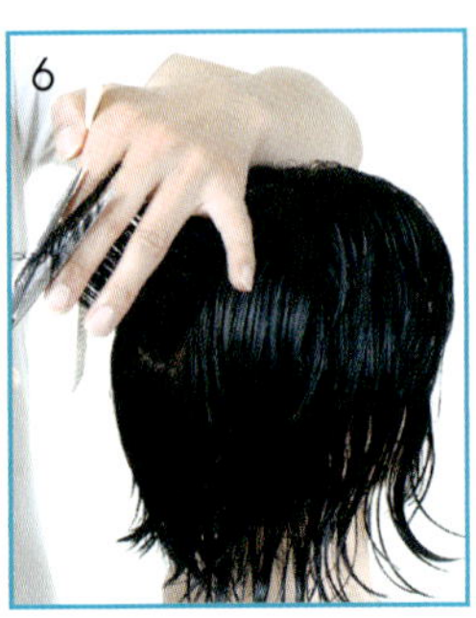

6. G.P에서나온 모발의 가이드에 맞추어서 G.P~B.P까지 일반시술각 90°로 시술한다.

7. 다음 판넬로 이동해서 시술한다. 후중부 양면 두상이 함몰된 부분은 사선으로 판넬을 뜨고, 밑모발이 조금 길어지게 커트하는 것이 밑선이 잘리지 않는다.

8. 귀가 있는 부분에 모발이 없기때문에 일반시술각 90°보다 밑모발이 조금 더 길어지게 인크리스레이어 상태로 모발의 판넬을 잡는다.

9. 두상이 함몰된 부분은 사선으로 판넬을 떠서 커트 선의 흐름대로 시술하는 것이 좋다.

10. 후하부 U라인을 시술하기위해 E.B.P~E.B.P까지 파팅을 나눈 후 제일 중심부에서 4 cm 판넬을 떠 밑길이를 맞추어 시술각을 조절한다. 밑길이가 길면 시술각이 높아 판넬이 들어지고, 밑길이가 짧으면 시술각이 낮아져 판넬을 내려 시술하게 된다.

11. 왼쪽부분에서 판넬을 뜨고 중심부에 있는 모발의 가이드에 맞추어 시술한다.

12. 오른쪽도 동일한 방법으로 시술 한다.

13. E.B.P와 B.P를 연결하여 시술한다.

14. 양쪽은 사선으로 모발의 판넬을 떠서 길이를 연결하여 시술한다.

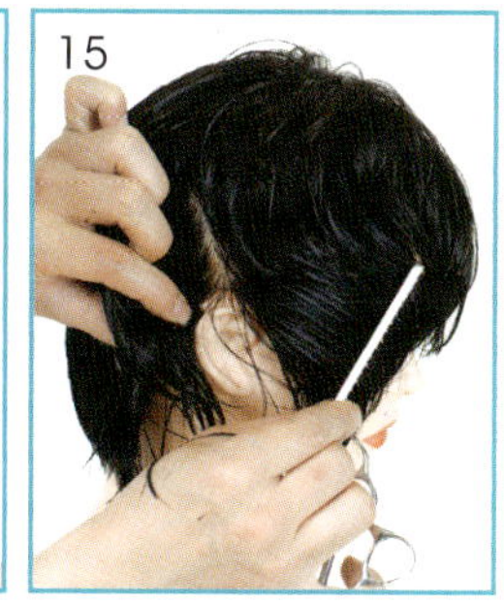

15. 후하부의 E.P까지는 사선으로 판넬을 떠서 시술한다.

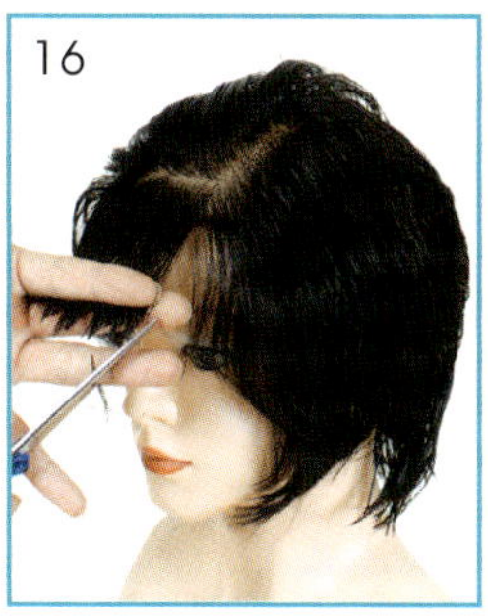

16. 전두부에서 앞머리 표정만들기를 한다. F.S.P에 있는 모발을 가르마 쪽으로 빗어서 파팅과 평행하게 손가락판넬을 잡고 아랫모발부터 윗모발을 향해 낫칭하여 커트한다.

17. 모발의 길이를 섞어서 모발의 자연스러움을 만들고 표현하기위해 그래쥬에이션 틴닝을 넣고 C커브를 그리면서 6 cm 길이부터 세 번에 나누어서 시술한다.

18. 후중부 중심부에 있는 두 판넬 정도만 볼륨형태를 시술하기위해 그래쥬에이션틴닝을 넣고 세 번에 나누어 원을 그리면서 모발이 빠져나와야만 모발의 동일한 길이가 잘리지 않아 틴닝 자국도 없이 자연스러움을 연출할 수 있다.

19~21. 측두부에 옆선을 시술하기 위해 귀를 중심으로 2 cm, 2 cm씩 모발을 나누고 S.C.P와 E.P에서 가이드를 설정한 후 일반시술각 90°로 연결한 후 E.P와 E.B.P는 두피에 밀착하여 가이드를 연결한다.

22. 모발의 자연스러움을 연출하기 위해 선을 제외한 모발은 틴닝가위를 사선으로 넣고 원을 그리면서 세 번에 나누어서 시술한다.

23. 이너틴닝과 루트틴닝을 위해 뒷 모발을 앞쪽으로 당겨서 틴닝가위를 두피에 밀착하여 시술한다.

24. 마무리 해놓은 상태에서 선이 무거우면 틴닝가위를 모발에 사선으로 넣고 세 번에 나누어서 원을 그리면서 모발을 뺀다.

2. 길이변화에 따른 스퀘어 레이어

1) 모발 길이에 따른 모발의 성질과 헤어스타일의 변화

(1) 10 cm 이하의 모발은 모류의 영향을 강하게 받는다.

1 cm 중력의 영향을 받지 않는다.
모발이 일어서려는 성질이 강하다.

3 cm 모류방향으로 조금 휘어진다.
모발이 일어서려는 성질이 강하다.

5 cm 모류가 흐르는 방향으로 곡선을 그리기 시작
모류의 영향을 받는다.

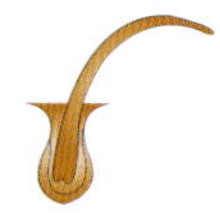

8 cm 중력의 영향을 받아 모류방향으로 곡선을 그리기 시작
곡선 윗부분에서 C커브를 그린다.

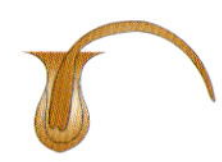

10 cm 중력에 의해서 C커브가 두뇌면에 닿는다.
10cm 시술은 두상을 그대로 표현 가능

10 cm 10 cm 이상의 모발은 모류방향 역행이 가능하다.

12 cm 무게가 생겨 안쪽으로 곡선이 생긴다.

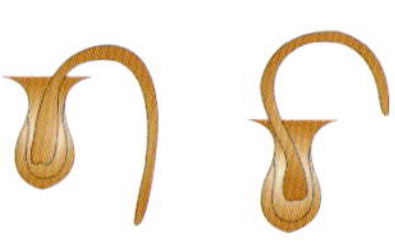

15 cm 모류 역행시 볼륨이 강한 C커브가 생긴다.

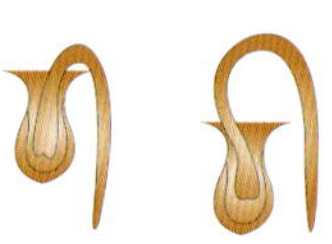

20 cm 볼륨이 생기지 않으므로 선의 변화로 스타일 연출

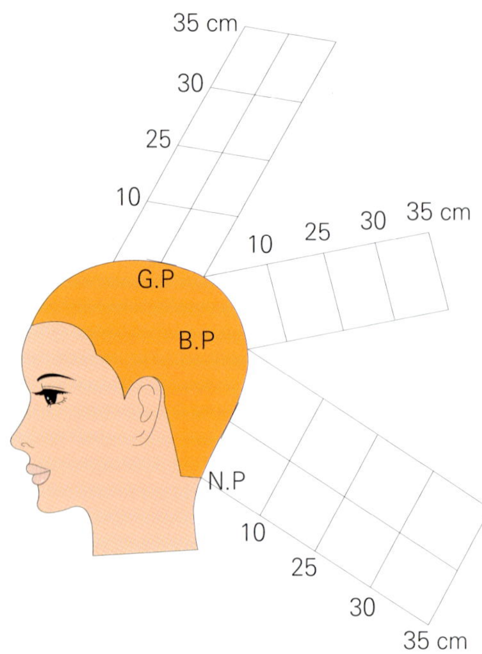

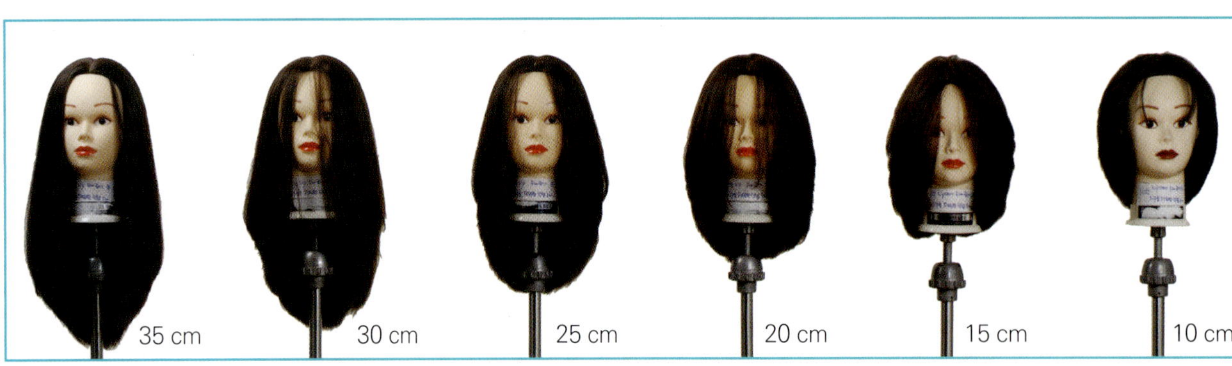

길이에 따라 동일한 시술각으로 시술하더라도 헤어스타일이 달라진다.

스퀘어 레이어 실습 예 1
(T.P~G.P 자연 시술각 90° + G.P~B.P 자연 시술각 90°)

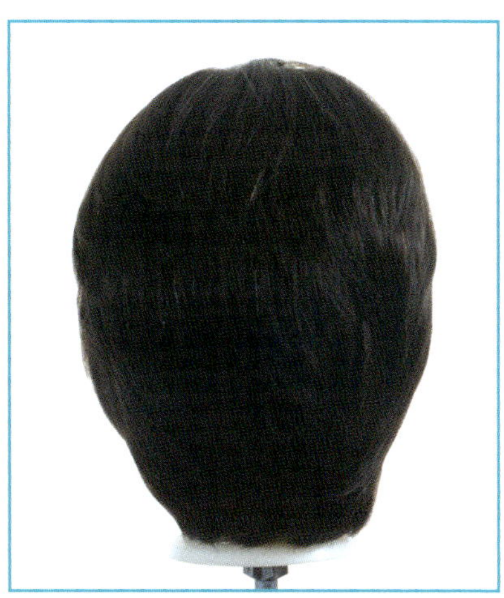

길이결정을 하고 시술하면 원하는 헤어스타일을 연출할 수 있다.

시술방법

① N.P에서 길이가이드 설정하여 U라인을 만든다.
② U라인 블로킹을 한 후 G.P에서 가이드(12 cm)를 설정하여 자연 시술각 90°로 시술한다.
③ S.C.P에서 10 cm를 설정하여 E.P~F.S.P까지 45°로 빗질하여 시술한다.
④ E.P에서 E.B.P를 연결한다. 반대쪽도 동일하게 시술한다.
⑤ G.P~T.P까지 방사형 섹션을 떠서 자연 시술각 90°로 시술한다.
⑥ F.S.P~C.P까지 떨어지는 순서 빗을 일자로 하여 시술한다. 반대쪽도 동일하게 시술한다.
⑦ N.P~N.B.P까지 먼저 선을 시술한다.
⑧ N.B.P~B.P까지 연결한다.

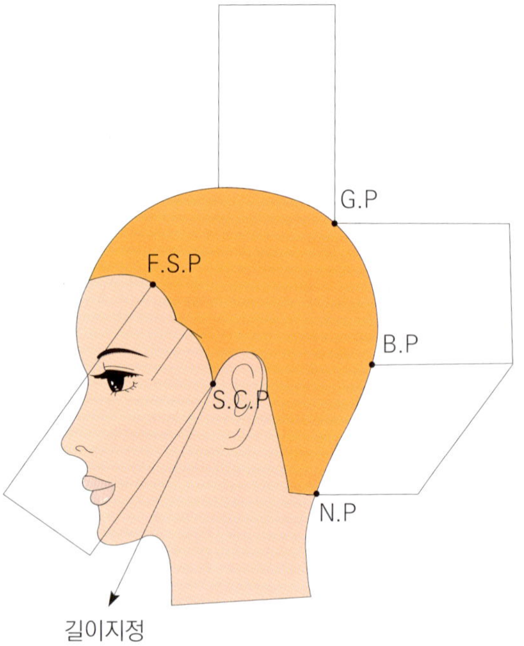

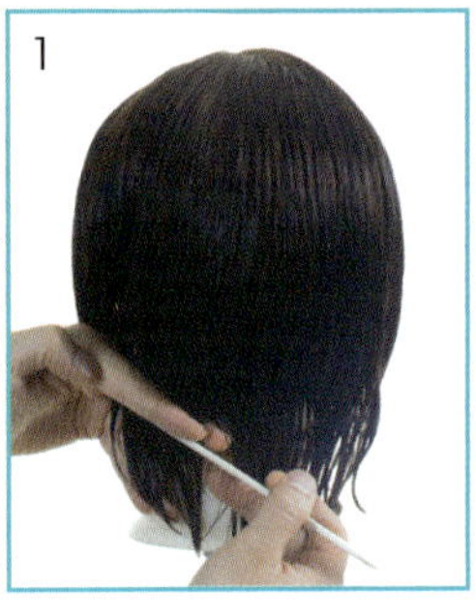

1. 8~10 cm를 길이가이드로 설정하여 U라인을 만든다.

2. U라인 블로킹을 탄다. G.P에서 길이가이드(12 cm)를 설정하여 G.P에서 B.P까지 자연 시술각 90°로 시술한다. 함몰된 부분은 사선으로 시술한다.

3. S.C.P에서 길이가이드 10 cm를 설정한다.

4. 가이드를 후대각으로 손가락을 대고 선을 만든다.

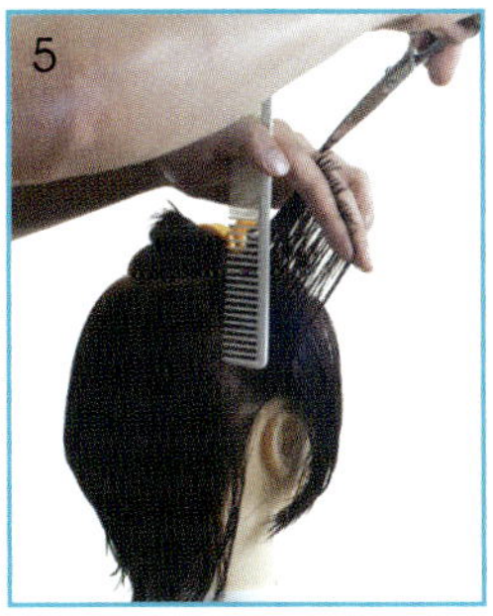

5. 함몰된 부분은 사선으로 슬라이스를 떠서 시술한다.

6. 반대편도 S.C.P에서 10 cm 길이가이드를 설정한다.

7. 가이드를 후대각으로 손가락을 대고 옆선 만들기를 시술한다.

8. 순서대로 모발을 떨어뜨리기 위해 다시 한번 재커트한다.

9. G.P~T.P까지는 자연시술각 90°로 시술한다.

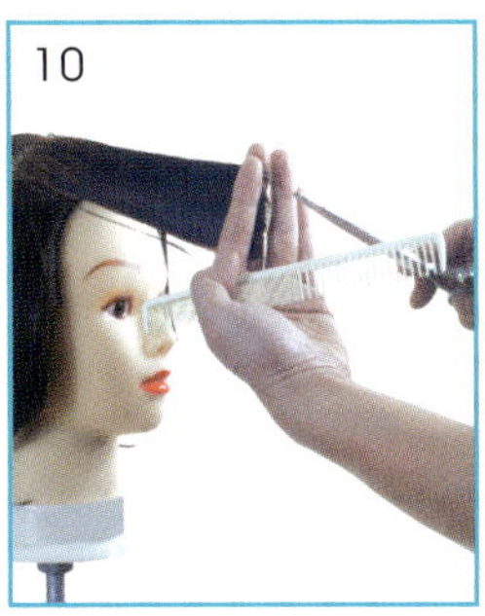

10. 앞머리는 손가락이 일자가 되게 모발을 잡는다.

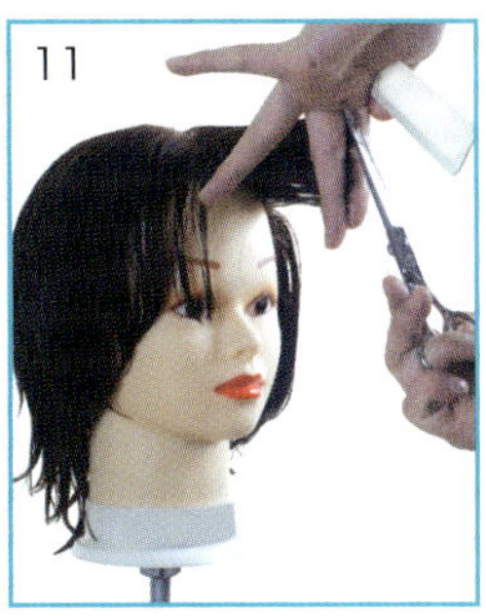

11. 순서대로 닛칭커트로 시술한다.

12. E.B.P~E.B.P까지 파팅을 나눈다.

13. 아래부분을 먼저 시술한다.

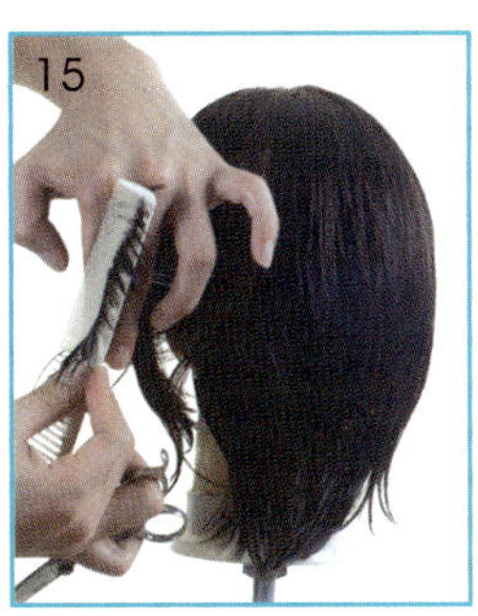

14~15. B.P~B.N.M.P까지 잘리지 않은 모발을 시술한다.

16. 사선으로 잡고 잘리지 않은 부분을 다시 한번 시술한다.

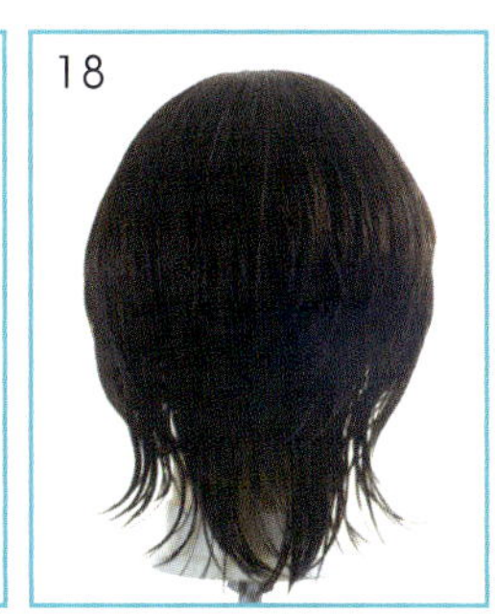

17~18. 시술이 종료된 상태

Chapter 4

올프스타일 90° 미학
(자연 시술각 90°와 일반 시술각 90°의 쓰임새)

1. 90° 미학

1) 자연 시술각과 일반 시술각의 쓰임새에 따른 효과

커트를 하기 위해 모발이 두상에서 들려지는 각도를 시술각도라 한다. 커트를 쉽게 진행하기 위해서는 각도를 정립해야 한다. 그래쥬에이션 45°라 하면 자연 시술각인지 일반 시술각인지 명시되어 있지 않기 때문에 시술을 하려고 했을 때 자연 시술각을 쓸까 일반 시술각을 쓸까 망설이게 되기 때문이다. 자연적으로 떨어져 층을 형성하는 곳은 자연 시술각에서 시술을 한다. 하지만 크레스트(crest) 윗지역은 자연 시술각 시술시 두상의 곡면이 들어간 만큼 모발의 길이가 길어지기 때문에(상고머리 시술시 모가 생기는 이유) 크레스트 윗지역은 일반 시술각에서 시술한다.

2) B.P~G.P 사이에 90°를 이용하는 방법

(1) 자연 시술각 90°

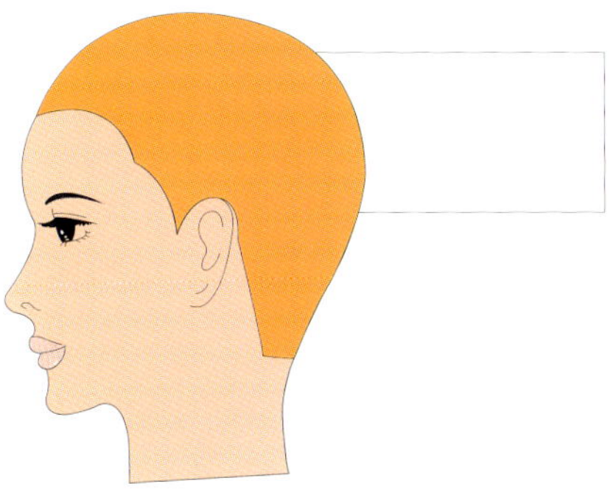

두상이 함몰된 만큼 윗 머리길이가 길어지기 때문에 길이가 길게 떨어진다(볼륨을 얻을 수 있다).

(2) 일반 시술각 90°

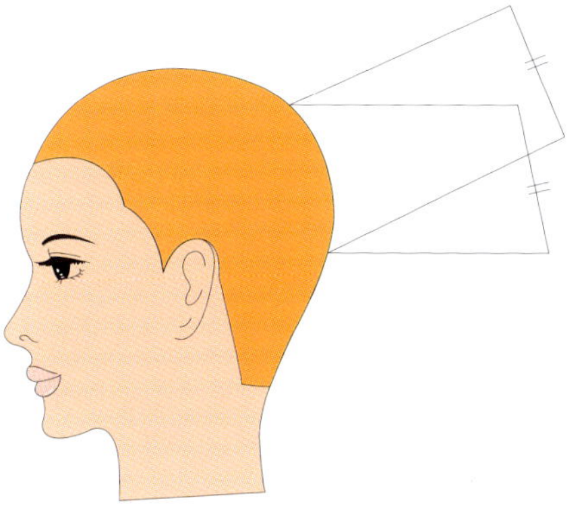

자연 시술각으로 끌어당겨보면 아래의 도해도가 그려진다. 윗머리가 짧고 층이 자연스러운 형태를 볼 수 있다. 스타일에 층을 내고 자연스러움을 연출하고 싶을 때 일반 시술각 90°를 활용하여 시술하면 된다.

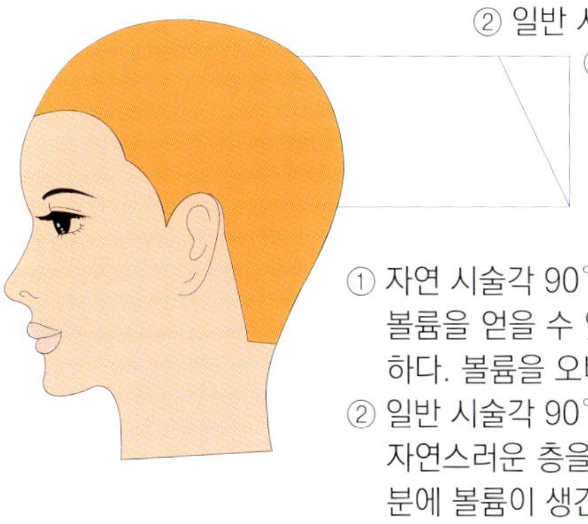

① 자연 시술각 90°
볼륨을 얻을 수 있다. 길이가 아주 길어지면 층이 가능하다. 볼륨을 오버 섹션에 주고 싶을때 활용한다.

② 일반 시술각 90°
자연스러운 층을 얻을 수 있다. 길이가 짧으면 B.P 부분에 볼륨이 생긴다.

자연 시술각 90° 시술시 G.P의 모발이 N.P까지 안에 떨어졌을 때는 볼륨을 얻을 수 있지만 N.P를 벗어나서 함몰된 곳을 벗어난 등판에 떨어지면서 층이 형성된다. 커트의 정의를 보면 길이의 변화, 층의 변화로 외형의 형태를 만드는 것이다. 층의 변화는 자연 시술각 90°지만 길이의 변화를 더 빨리 인지하여야 스타일을 쉽게 만들 수 있다.

동일한 도해도로 변화된 스타일 – 자연 시술각 90°

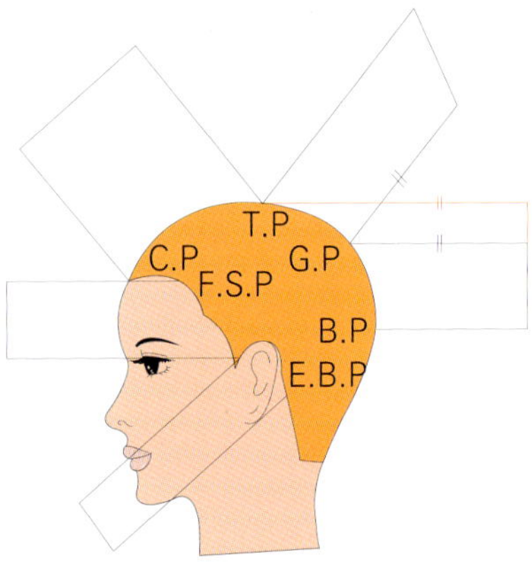

G.P 길이가이드 20 cm

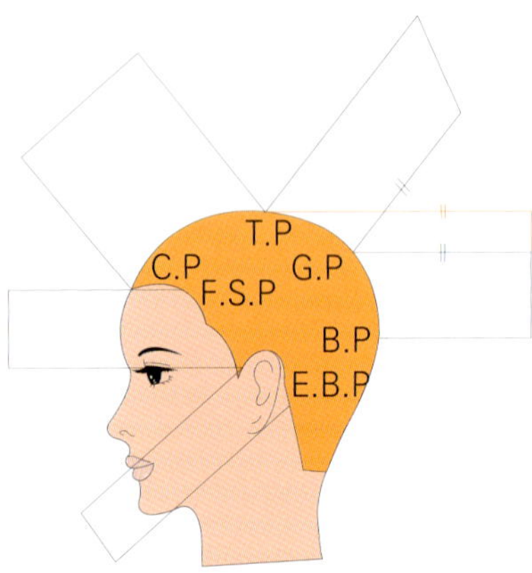

G.P 길이가이드 17 cm

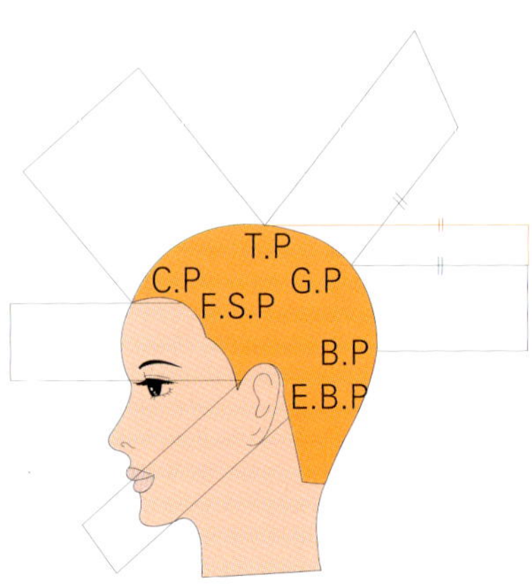

G.P 길이가이드 12 cm

울프스타일 실습 예 1(G.P~B.P 자연 시술각 90°)

시술방법 ⇒ 2번 영역을 먼저 시술한 경우

① N.P에서 길이가이드 설정

② U라인 블로킹을 탄다.

③ G.P에서 가이드를 설정한다(17 cm).

④ G.P~B.P 수평 파팅에 수직 섹션 2베이스 정도는 온더베이스에 일반 시술각 90°시술한다.

⑤ G.P~B.P 1, 2번 베이스를 벗어난 곳은 사선 베이스에 밑머리 길이를 조금 남긴다. 이곳은 밑부분이 모발이 없기 때문에 짧아질 수 있는 위험이 있다.

⑥ G.P~T.P는 방사형 섹션으로 자연 시술각 90° or 일반 시술각 45°로 시술한다.

⑦ E.B.P~F.S.P선까지는 얼굴에 밀착하여 직각으로 빗질하여 손가락 각도가 자연 시술각 up 45°로 시술한다.

⑧ F.S.P~T.P~F.S.P은 가르마를 탄 후 삼각 파팅을 떠서 반대쪽도 동일하게 시술한다. F.S.P선 가이드를 갖고 파팅선하고 손가락과 나란히 커트한다. 선을 만든다(U라인).

⑨ N.P~B.P를 연결한다. 1, 2를 제외하고는 사선으로 파팅을 떠서 연결한다.

⑩ 분할하여 예쁜스타일 만들기 한다.

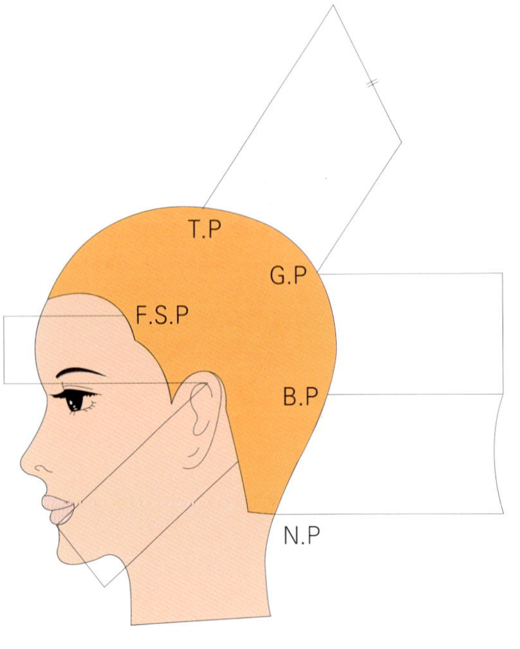

1. U라인 블로킹을 탄다.

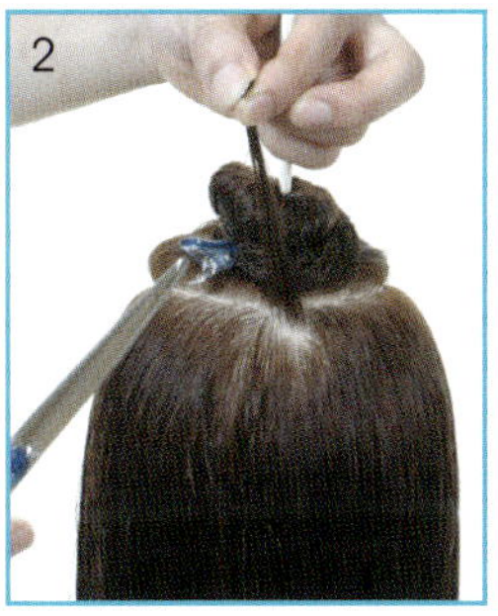

2. G.P에서 가이드를 설정한다(G.P에서 17cm).

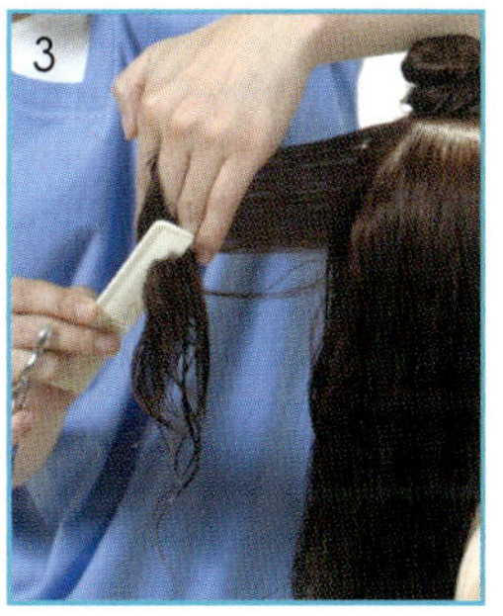

3. B.P~G.P 수평 파팅에 수직 섹션으로 온더베이스하여 자연 시술각 90°로 시술한다.

4. 다음 판넬을 뜨기 위한 자세 두번재 판넬까지는 온더베이스하여 자연 시술각 90°로 시술한다.

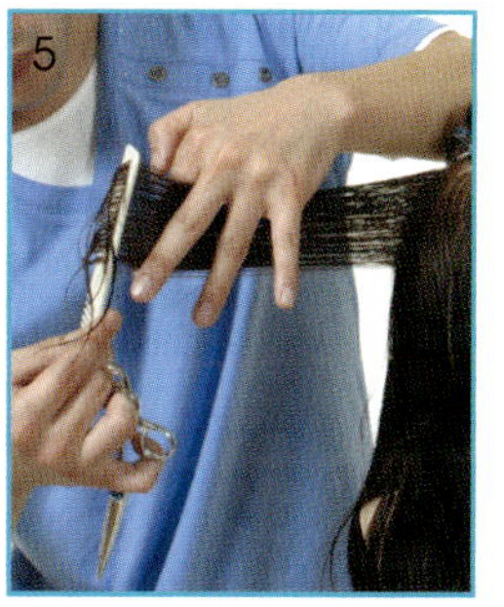

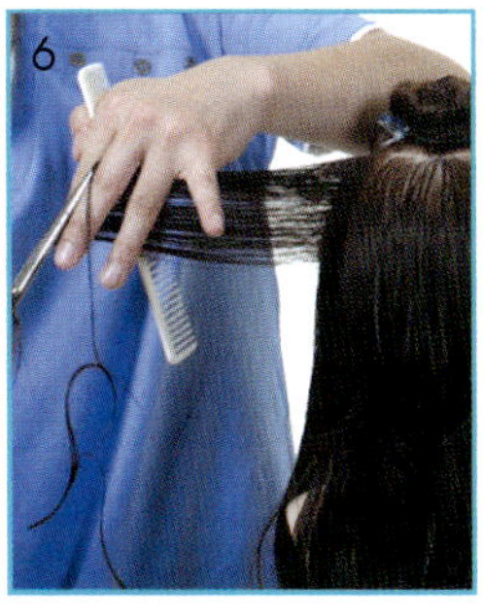

5~6. 밑모발이 없기 때문에 한 판넬을 떠서 시술할 때 윗모발의 가이드는 맞추고 밑부분을 길게 빼서 시술한다.

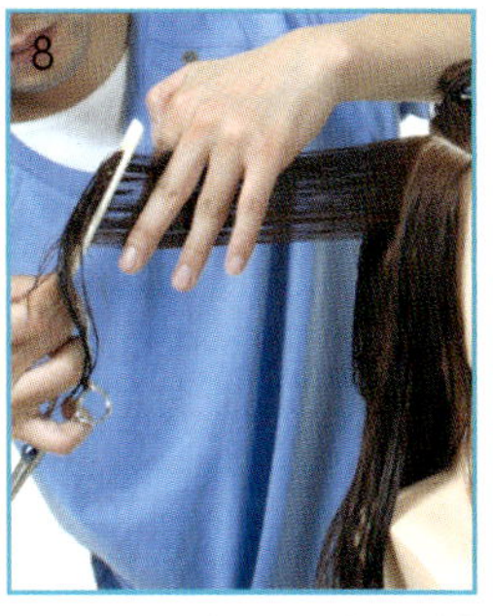

7~9. 반대편도 동일한 방법으로 밑머리는 길게 모발을 빼주고 윗모발의 가이드는 변하지 않는다.

10. 선을 만들기 위해 길이를 설정한다.

11. U라인 시술하기 위해 길이를 설정한다. 자연스런 선의 흐름을 위해 낫칭커트한다.

12. ②번 빗질이 45°, 손가락이 45°가 되게 하여 낫칭 커트한다.

13. ③번 빗질이 45°가 되게 두피면을 밀착하고 판넬을 떠야 선이 예쁘게 떨어진다.

14~15. ④번 빗질이 U라인 선을 만들기 위함이고, 손가락이 빗질하는 데로 판넬을 잡고 낫칭 커트한다.

16. ①번에서 설정한 가이드를 ②번처럼 45°로 빗질하여 낫칭 커트한다.

17. ③번 영역처럼 빗질이 45° 손가락이 45°로 낫칭 커트한다.

18. ④번 영역을 같은 방법으로 시술한다.

19. E.B.P를 수직으로 파팅을 나눈다.

20. 얼굴면을 밀착하여 직각으로 빗질하고 자연 시술각 90°로 시술한다.

21. E.B.P에서 수직파팅을 뜨고 얼굴면을 밀착하여 직각으로 빗질하고 손가락 각도가 자연 시술각 up 45°로 시술한다.

22~24. 반대쪽도 동일한 방법으로 시술한다. 이때 선의 자연스런 흐름을 위해 낫칭 커트한다.

25~27. 옆선의 무거움을 제거하기 위해 선을 제외한 나머지 부분을 삼각 파팅으로 뜬다.

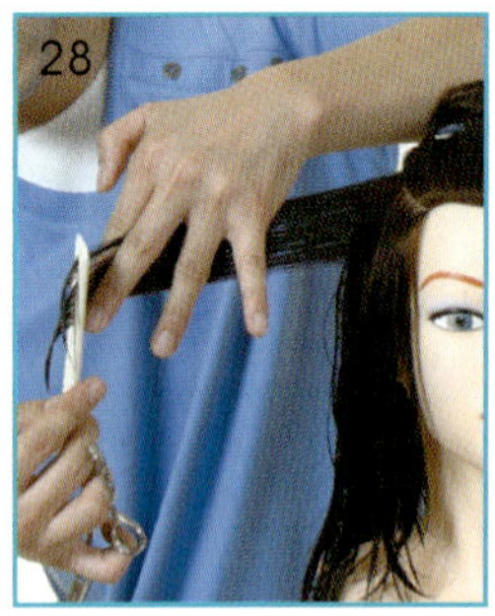

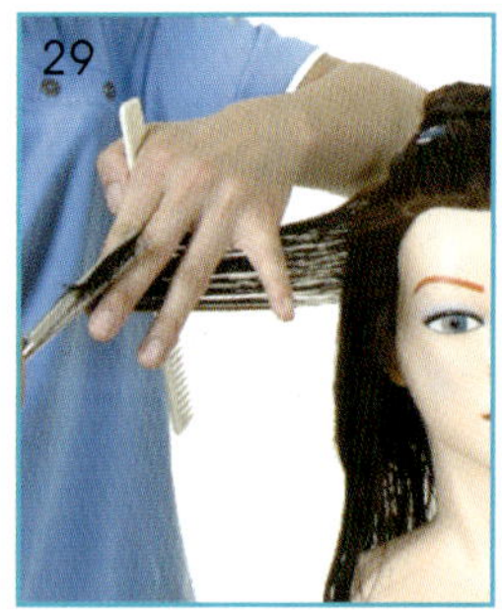

28~29. 밑선에 맞추어 윗머리가 짧게 인크리스 레이어로 시술한다.

30. 반대편도 동일한 방법으로 시술한다. 이곳은 두상이 함몰되어 있기 때문에 무겁게 표현될 수가 있다.

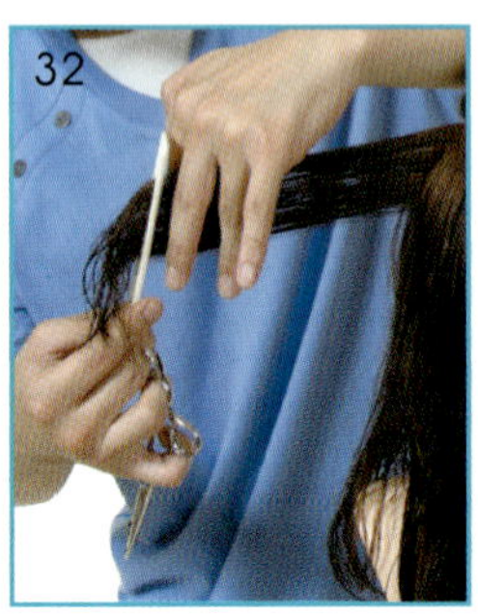

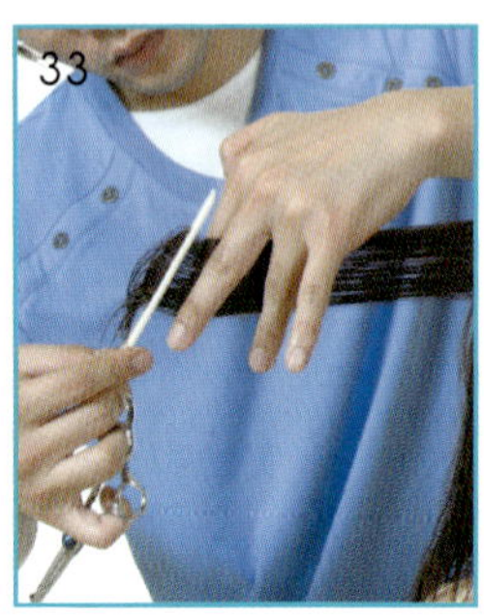

31~34. 선을 만들기를 제외한 부분을 삼각 섹셕을 뜬다. 선의 가이드에 맞추어 밑머리가 길고 윗머리가 짧게 인크리스 레이어로 시술한다.

35. T.P~G.P는 방사형 섹션을 뜬다. 중앙에서 첫번째 판넬을 뜬다.

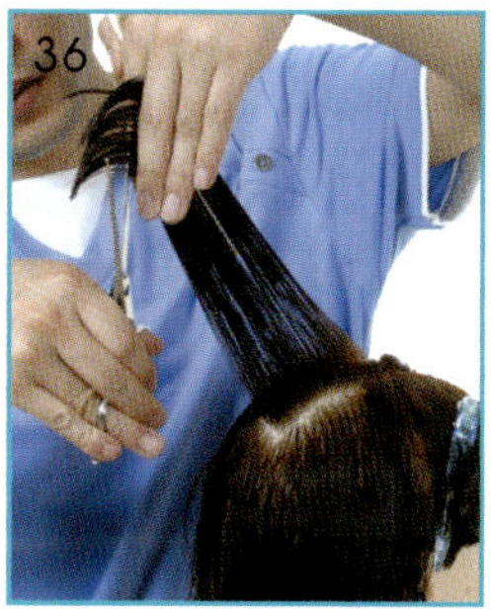

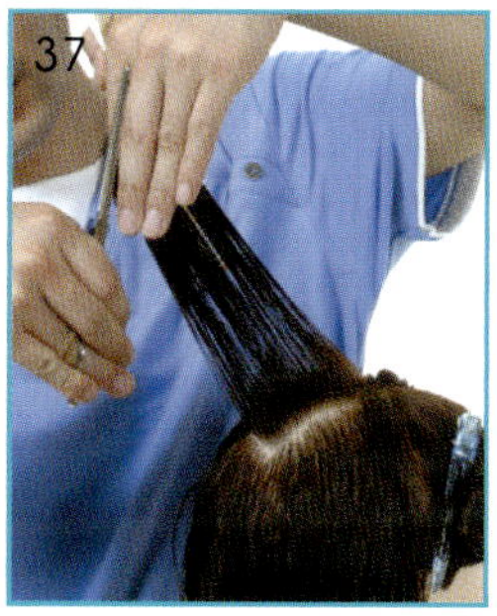

36. G.P의 가이드에 맞추어 일반 시술각은 45°나 자연 시술각 90°로 시술한다.

37. 이때 곡면이 그대로 펴 진다고 차례 차례 모발이 떨어진대로 판넬을 떠서 해야 떨어지는 선이 예쁘다.

38~39. 나머지 섹션도 G.P가이 가이드와 T.P를 연결하여 자연 시술각 90°로 시술한다.

40. F.S.P~T.P~F.S.P는 먼저 가르마를 하고, 가르마에서 F.S.P를 삼각 섹션을 뜬다.

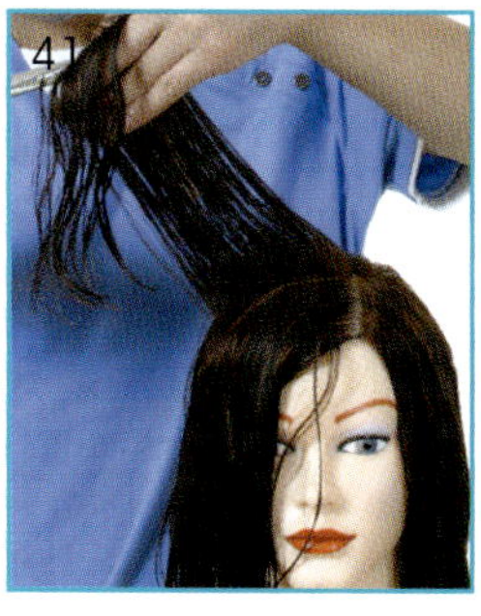

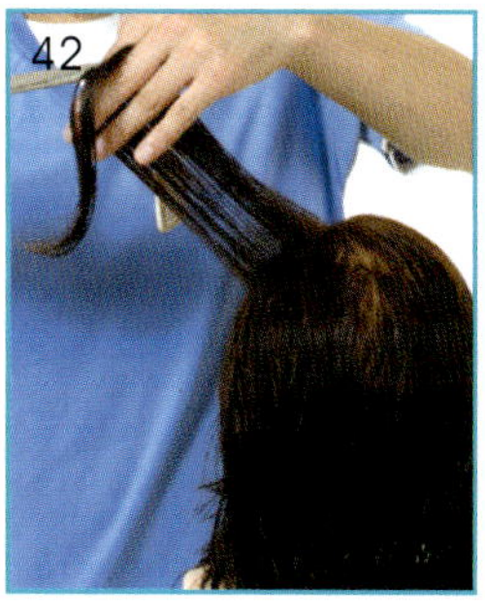

41~42. F.S.P~T.P~ F.S.P에서 앞머리를 제외한 나머지 부분의 모발을 시술하기 위해 판넬을 뜬다.

43. 판넬을 떠서 자연스럽게 모발끼리 융합하기 위해 낫칭 커트한다.

44. 반대편도 동일한 방법으로 시술한다.

45~46. 이때 가르마서 3cm 폭을 정하고, F.S.P선과 연결하여 삼각 섹션을 뜬다.

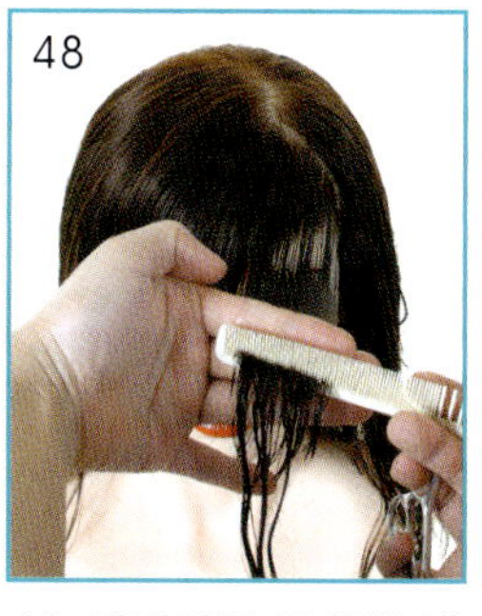

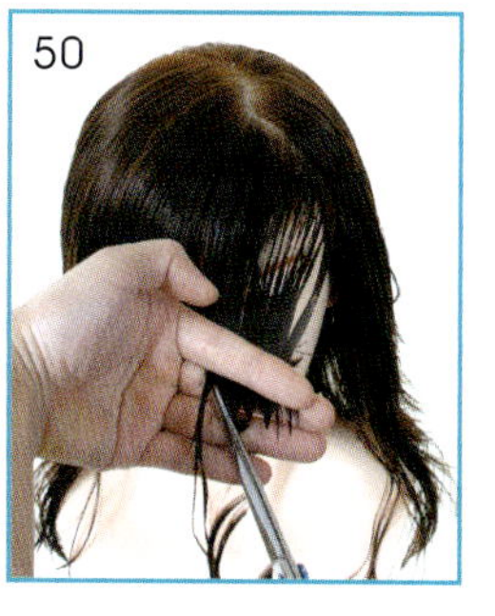

47. 파팅과 손가락을 나란히 하고 F.S.P선 가이드에 맞추어 낫칭 커트한다.

48. 반대편도 동일한 방법으로 시술한다.

49. F.S.P선 가이드와 가르마에서 나온 가이드와 연결한다.

50. 선을 자연스럽게 떨어뜨리기 위해 낫칭 커트한다.

울프스타일 실습 예 2(G.P~B.P 일반 시술각 90°)

동일한 도해도로 변화된 스타일 – 일반 시술각 90°

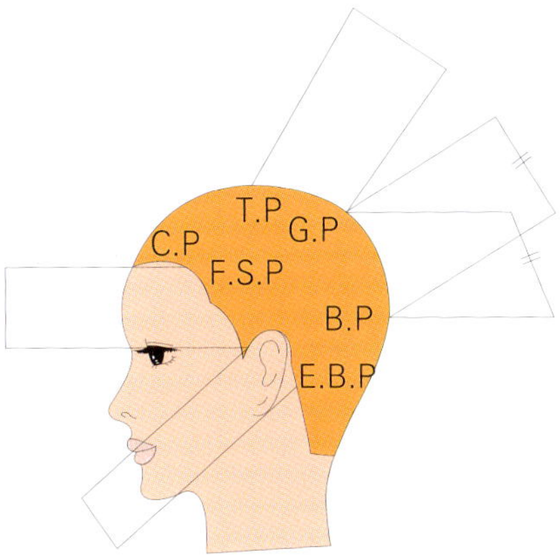

G.P 길이가이드 20 cm

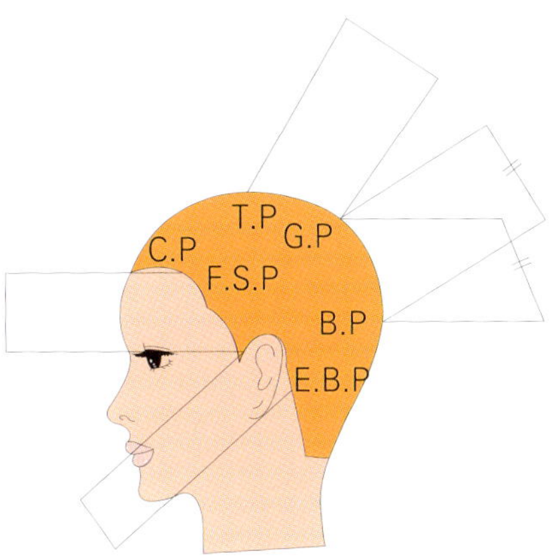

G.P 길이가이드 17 cm

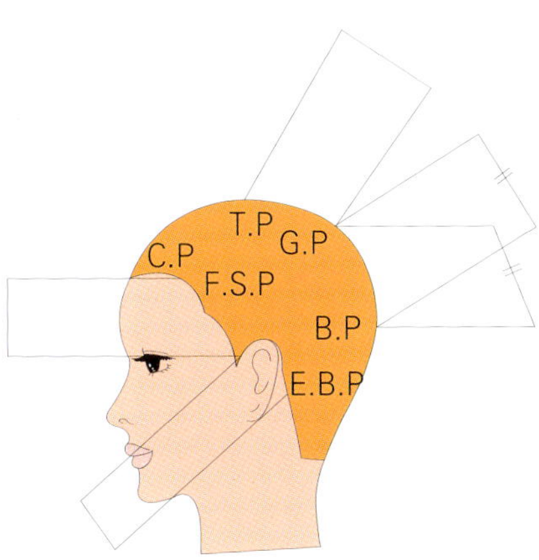

G.P 길이가이드 12 cm

시술방법 ⇒ 2번 영역을 먼저 시술한 경우

① N.P에서 길이가이드 설정
② U라인 블로킹을 탄다.
③ G.P에서 가이드를 설정한다(17 cm).
④ G.P~B.P 수평 파팅에 수직 섹션 2베이스 정도는 온더베이스에 일반 시술각 90°시술한다.
⑤ G.P~B.P 1, 2번 베이스를 벗어난 곳은 사선 베이스에 밑머리 길이를 조금 남긴다. 이곳은 밑부분이 모발이 없기 때문에 짧아질 수 있는 위험이 있다.
⑥ G.P~T.P는 방사형 섹션으로 자연 시술각 90° or 일반 시술각 45°로 시술한다.
⑦ E.B.P~F.S.P선까지는 얼굴에 밀착하여 직각으로 빗질하여 손가락 각도가 자연 시술각 up 45°로 시술한다.
⑧ F.S.P~T.P~F.S.P은 가르마를 탄후 삼각 파팅을 떠서 반대쪽도 동일하게 시술한다. F.S.P선 가이드를 갖고 파팅선하고 손가락과 나란히 커트한다. 선을 만든다(U라인).
⑨ N.P~B.P를 연결한다. 1, 2를 제외하고는 사선으로 파팅을 떠서 연결한다.
⑩ 분할하여 예쁜스타일 만들기 한다.

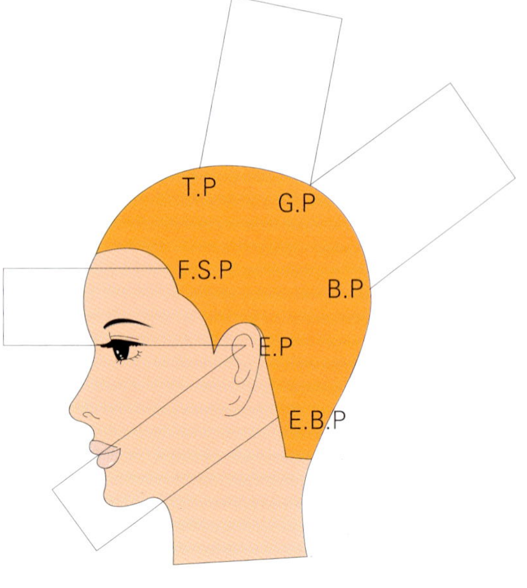

1. 시술전 상태이다.

2. G.P U라인 블로킹을 타서 G.P에서 가이드를 설정한다(17 cm).

3. B.P~G.P 수평 파팅에 수직 섹션으로 온더베이스하여 커트의 한 판넬을 뜬다.

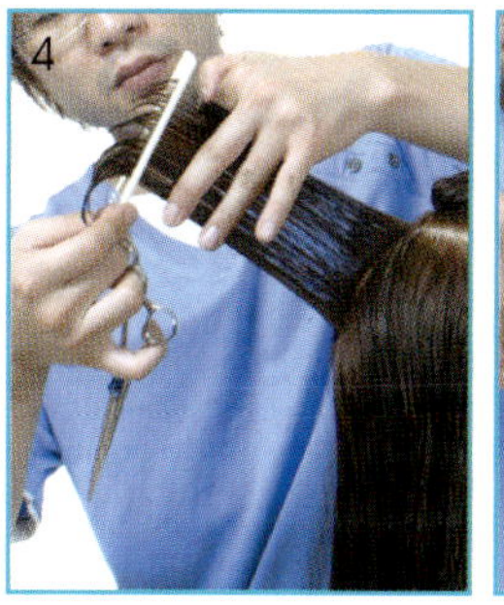

4. B.P~G.P 수평 파팅에 수직 섹션으로 온더베이스하여 일반 시술각 90°로 시술한다.

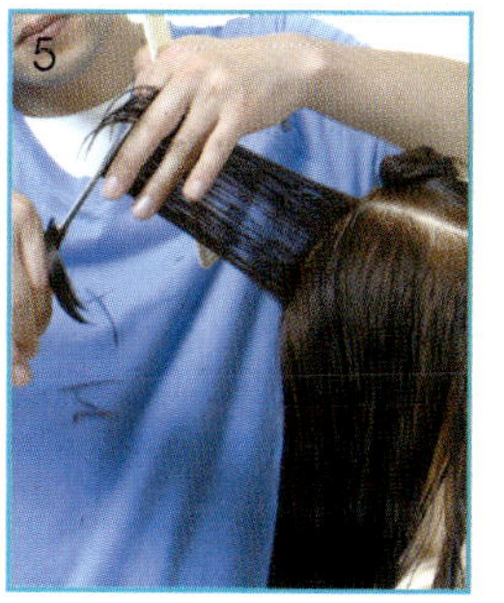

5~6. 일반 시술각 90°시술시 두상곡면과 커트의 판넬을 든 손가락과 평행하게 하여 한 판넬의 제일 중앙에 가이드가 일반 시술각 90°로 시술해야 한다.

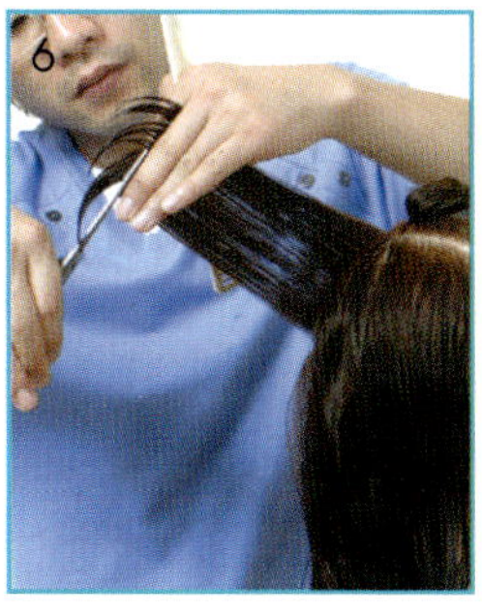

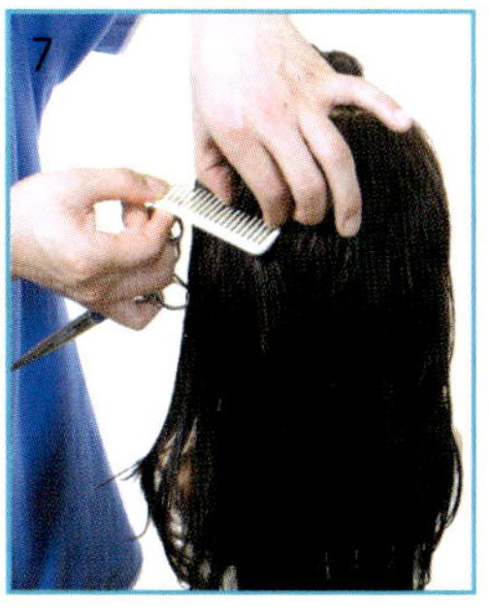

7. 일반 시술각을 시술할 시는 이렇게 뜬 파팅을 원칙하에 한 판넬씩 떠가야 자연스럽게 연결된다.

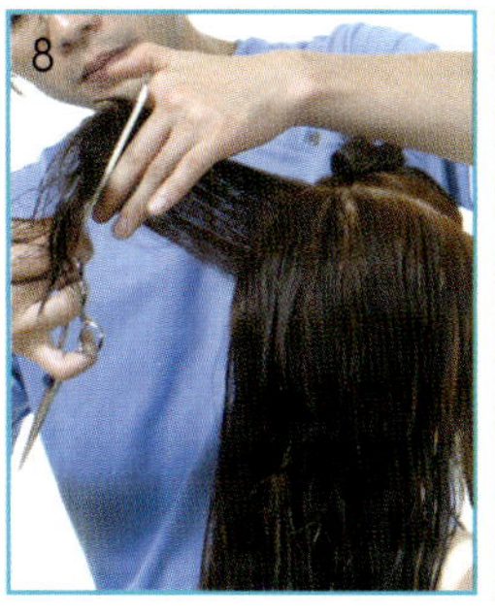

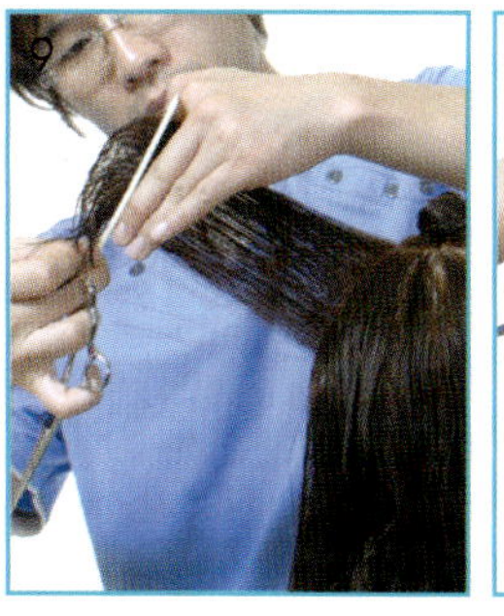

8~9. B.P~G.P까지는 온더베이스에 일반 시술각 90°로 시술한다. 곡면 따라 섹션을 뜨는 것에 주의해야 한다.

10. 커트의 크레임이 제일 많은 2번 영역을 파팅을 뜨기 위한 준비이다.

11. ②번 영역을 E.B.P를 향해서 사선으로 섹션을 뜨기 위해 빗질을 각도 45°로 커트의 한 판넬을 뜬다.

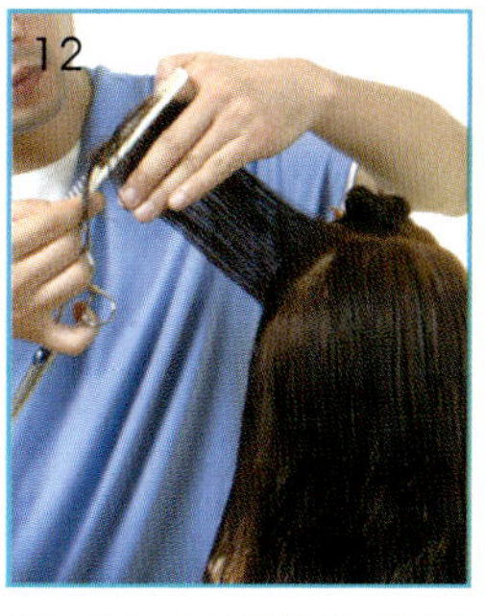

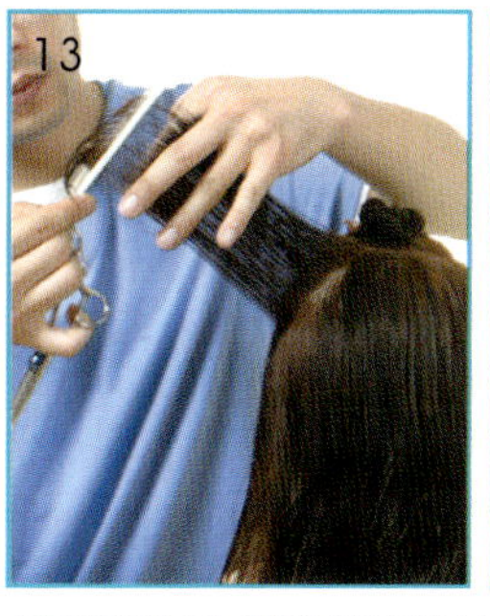

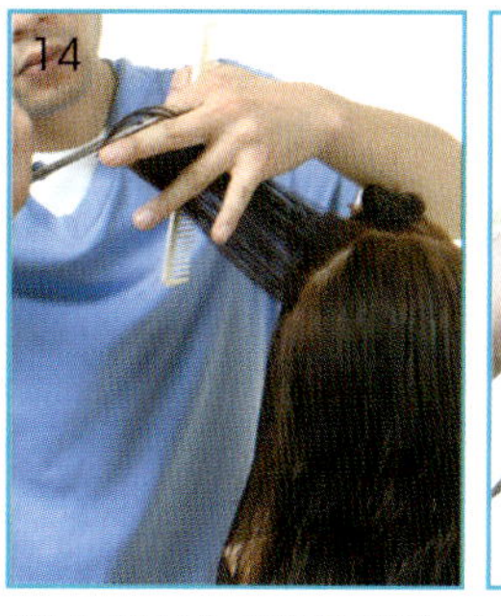

12~19. 두상곡면과 그대로 연장하여 한 판넬 중앙에서 일반 시술각 90°가 되게 시술한다. 이 영역은 N.P~B.P에서 밑모발이 없기 때문에 커트에서 크레임이 제일 많이 생기는 ②번 영역을 시술할 때는 윗모발이 길어지게 인크리스 레이어 형태로 하여 커트를 시술해야 밑기장이 짧아지지 않는다.

16. ①번에서 설정한 가이드를 ②번처럼 45°로 빗질하여 낫칭 커트한다.

17. ③번 영역처럼 빗질이 45° 손가락이 45°로 낫칭 커트한다.

18. ④번 영역을 같은 방법으로 시술한다.

19. E.B.P를 수직으로 파팅을 나눈다.

20. U라인 만들기를 위하여 빗질각도 45°로 하여 길이 가이드를 설정한다.

21. U라인 시술하기 위해 길이 결정하여 낫칭으로 커트한다.

22~25. ①번에서 가이드를 설정 후 다시 블로킹과 나란히 ②번처럼 빗질하고 손가락을 블로킹과 나란히 하여 낫칭 커트한다. ②번 가이드로 ③번을 빗질각도 45°로 두피면을 곱게 빗질하고 손가락 각도를 블로킹과 나란히 낫칭커트 시술한다. ③번을 가이드로 ④번도 동일한 방법으로 시술한다.

26~30. 반대편도 동일한 방법으로 ①, ②, ③, ④번을 블로킹과 손가락과 나란히하여 낫칭커트하여 U라인을 시술한다.

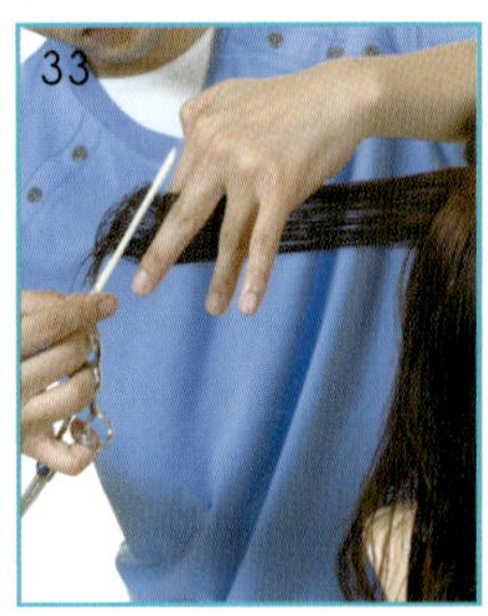

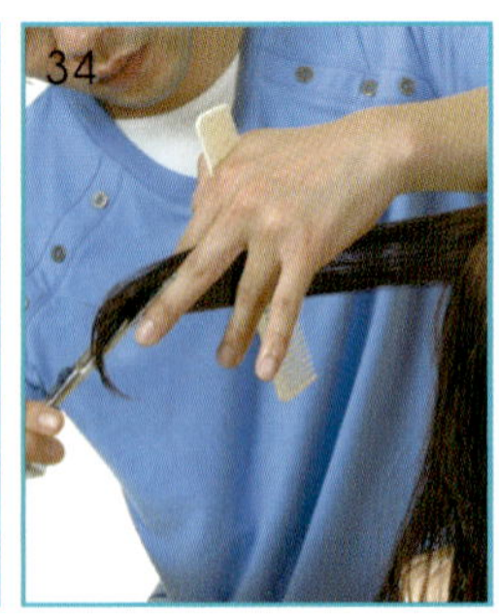

31~34. 선을 만들기를 제외한 부분을 삼각 섹셔을 뜬다. 선의 가이드에 맞추어 밑머리가 길고 윗머리가 짧게 인크리스 레이어로 시술한다.

35. T.P~G.P는 방사형 섹션을 뜬다. 중앙에서 첫번째 판넬을 뜬다.

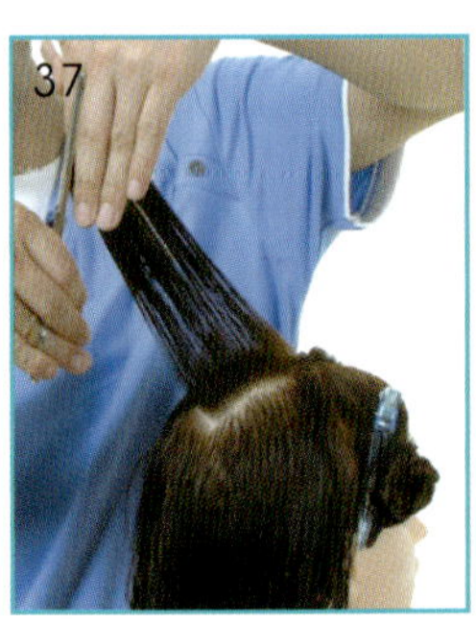

36. G.P의 가이드에 맞추어 일반 시술각은 45°나 자연 시술각 90°로 시술한다.

37. 이때 곡면이 그대로 펴 진다고 차례 차례 모발이 떨어진대로 판넬을 떠서 해야 떨어지는 선이 예쁘다.

38~39. 나머지 섹션도 G.P가이 가이드와 T.P를 연결하여 자연 시술각 90°로 시술한다.

40. F.S.P~T.P~F.S.P는 먼저 가르마를 하고, 가르마에서 F.S.P를 삼각 섹션을 뜬다.

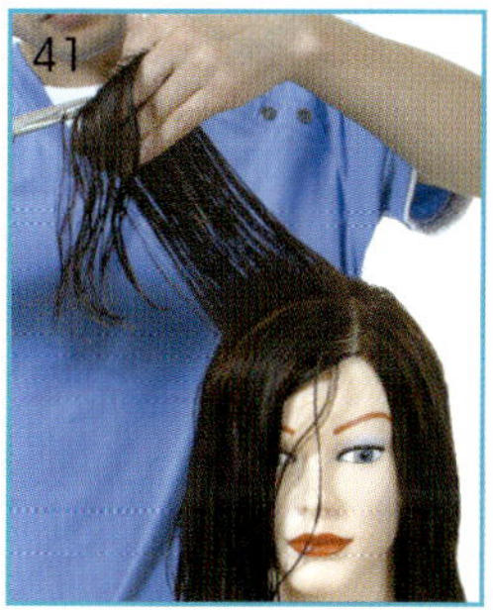

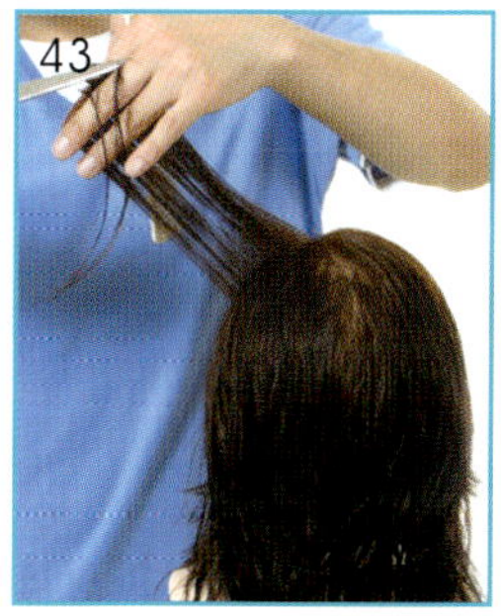

41~42. F.S.P~T.P~ F.S.P에서 앞머리를 제외한 나머지 부분의 모발을 시술하기 위해 판넬을 뜬다.

43. 판넬을 떠서 자연스럽게 모발끼리 융합하기 위해 낫칭 커트한다.

44. 반대편도 동일한 방법으로 시술한다.

45~46. 이때 가르마서 3 cm 폭을 정하고, F.S.P선과 연결하여 삼각 섹션을 뜬다.

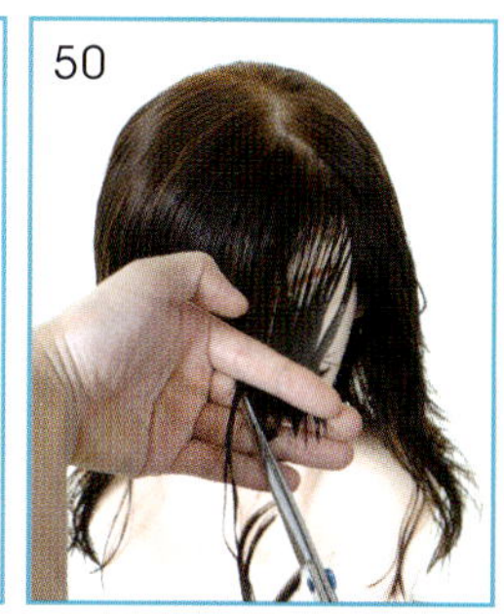

47. 파팅과 손가락을 나란히 하고 F.S.P선 가이드에 맞추어 낫칭 커트한다.

48. 반대편도 동일한 방법으로 시술한다.

49. F.S.P선 가이드와 가르마에서 나온 가이드와 연결한다.

50. 선을 자연스럽게 떨어뜨리기 위해 낫칭 커트한다.

51~55. T.P~G.P 사이를 방사형 섹션을 떠서 일반 시술각 90°로 시술하면 된다.

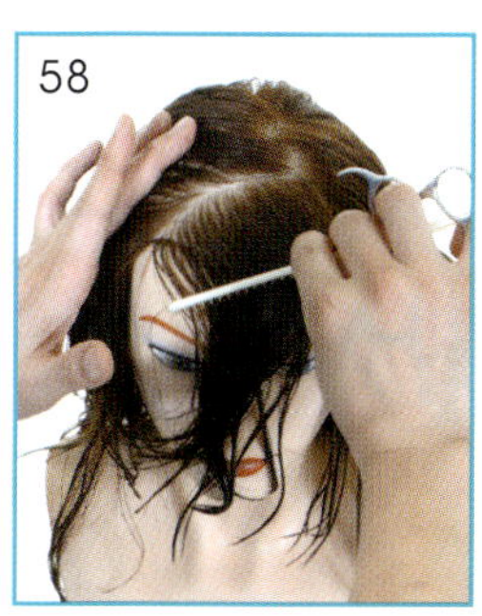

56~60. F.S.P~T.P~F.S.P선을 고객이 원하는 가르마를 먼저 나누고, 가르마에서 3 cm부터 시작하여 F.S.P선까지 삼각 섹션으로 연결한다. 연결후 F.S.P선에서 가이드를 선택하여 브로킹하고 나란히 하여 낫칭 커트한다.

61~64. 반대편도 F.S.P선에서 가이드를 선택하여 가르마에서 나온 가이드와 연결하여 낫칭 커트한다.

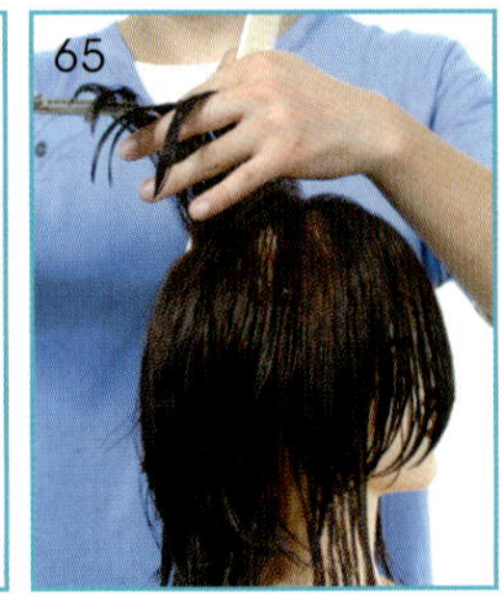

65. 공기감과 스타일의 융합을 위해 질감처리한다. 틴닝은 한번에는 자연스러운 질감을 얻지 못한다. 사선으로 가위를 넣고 3회를 2 cm 간격으로 시술한다.

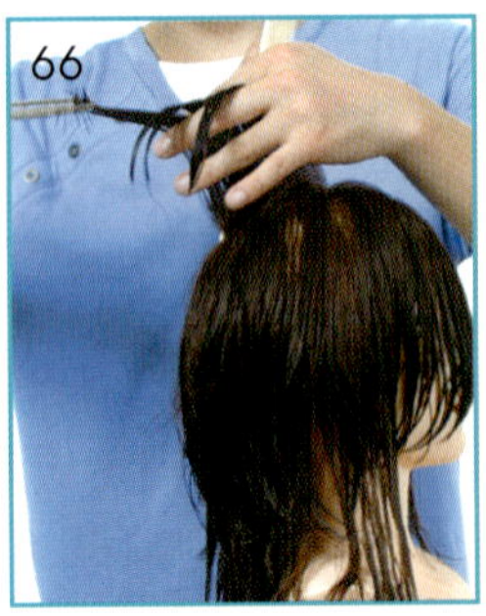

66. 질감처리한다. 틴닝은 동일한 길이로 시술하면 안된다. 사선으로 3번에 나누어서 시술한다.

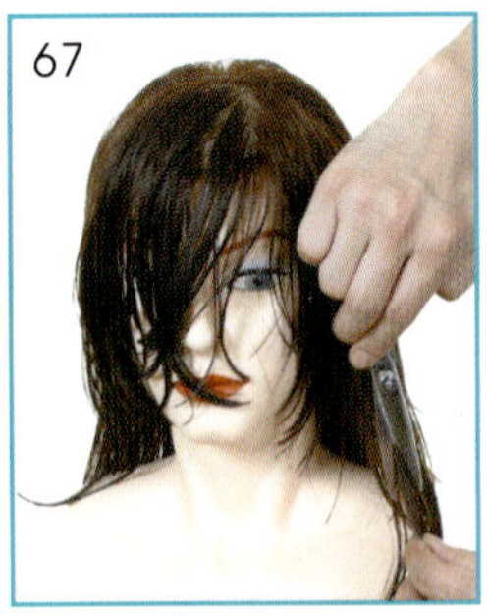

67. 사이드 틴닝을 준다. 선에 해당하는 부분은 떨어지는 선의 모발을 그대로 둔채로 질감처리를 해야만 선을 유지할 수 있으며 떨어지는 선이 자연스럽다.

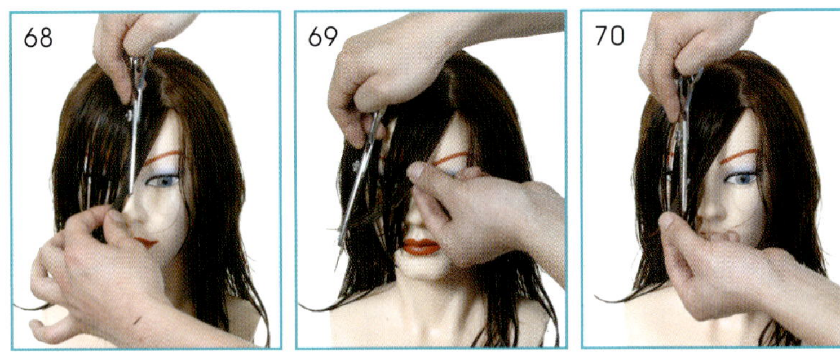

68~70. 리버스방향으로 흐름을 주고 싶기 때문에 얼굴 반대쪽에서 사선으로 틴닝 가위로 3번에 나누어서 넣어준다.

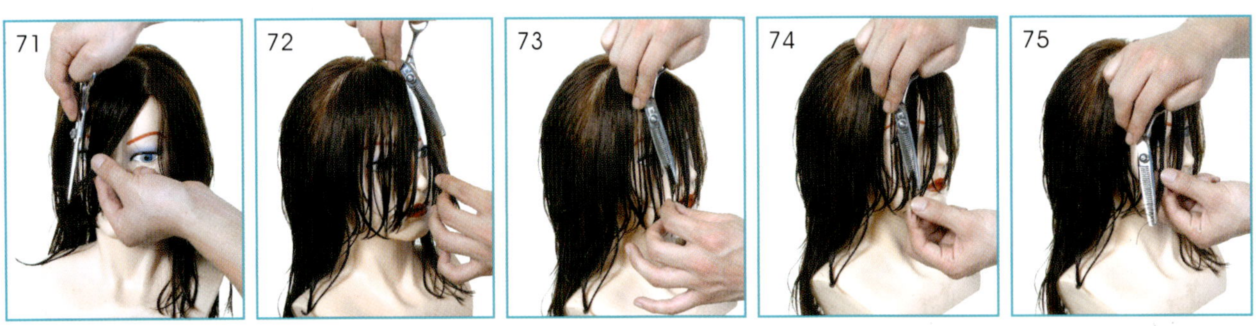

71~75. 다른 모발도 2 cm 간격으로 다발을 만들어서 원하는 방향을 사선으로 원을 그리면서 가위를 빼주고 또 넣어주면서 시술한다.

용어해설

『A』

아킹(Arching) ⇒ 아킹 동작으로 머리카락 또는 모발을 커트하는 레저 커팅 기법으로 사용되는 아크의 크기는 원하는 머리형과 커트길이와 관련이 있다.

액티베이티드(Activated) ⇒ 커트한 머리끝이 보이는 거친 머리표면

앵글(Angle) ⇒ 각도에는 두가지 측정방법이 있다.

셀레스철 엑시스(Celestial Axis) ⇒ 천체축에 의한 각도

헤드앵글(Head Angle) ⇒ 두상에 의한 각도

어 큐트 앵글(A Cute Angle) ⇒ 날카로운 각도

어 핑거스 위드(A Finger's Width) ⇒ 손가락 한 개의 넓이

어나토미(Anatomy) ⇒ 신체 구조에 관한 과학

어댑터벌(Adaptable) ⇒ 개인의 해부학적 구조, 성장 패턴, 머리숱과 생활 양식에 맞추는 것

어젠트 커트(Argent Cut) ⇒ 은발의 커트라고 불리어지는 남성용의 롱스타일. 톱의 전방과 후방의 모발을 브러쉬 다운하여 관자놀이의 백발을 특수한 형으로 브러쉬 엎하는 로맨스 그레이의 이미지를 나타낸 헤어스타일. 흑발에도 어울린다.

어케이드 커트(Arcade Cut) ⇒ 남성의 롱 헤어스타일의 일종. 라인을 거의 면도로 밀어낸 정도로 짧게 깎는 것이 특징

어팩스(Apex) ⇒ 가장 높은 지점, 혹은 봉우리. 두상의 탑 부분

얼터네이트(Alternate) ⇒ 교체, 바꿈의 뜻

에어리어(Area) ⇒ 특별한 공간

에이시머트리(Asymmetry) ⇒ 대칭이 맞지 않음. 비대칭(좌우의 밸런스가 동일하지 않는 것)

올시저스(All Scissors) ⇒ 전부 가위로 자르는 커트

『B』

바이어스 스라이스(Bias Slice) ⇒ 본래는 복식 용어로 비스듬히란 뜻. 커트에서는 패널을 잡아낼 때 방사선상으로 패널을 잡아내는 것을 '바이어스 스라이스하여 패널을 잡아낸다'고 한다.

바이어스 커트(Bias cut) ⇒ 사선 슬라이스로 커트하는 방법

백 사이드(Back Side) ⇒ 두상의 뒤쪽을 가리킨다. 즉 두상 또는 두상형의 뒤쪽부분을 말한다. 일반적으로는 후두부, 목덜미라고도 불리 우고 있는 부분

뱅(Bang) ⇒ 수직으로 내린 앞머리를 가리킴

베벌(Bevel) ⇒ 커팅 효과의 하나로 머리끝부분을 바깥쪽이나 안쪽에서 테이퍼링하여 형태선을 컵 안쪽이나 컵 바깥쪽 모양처럼 만드는 것

베이스 라인(Base line) ⇒ 헤어 커트의 기초가 되는 부분으로 가이드를 말함

베이스(Base) ⇒ 기본, 토대, 뿌리

베이직 레이어링(Basic layering) ⇒ 두피에 대해서 전부 90°로 잡아당겨 모두 같은 길이로 자르는 스타일

베이직 롱 레이어(Basic long layer) ⇒ 머리 전체의 모발을 평면에 대해서 수평으로 잡아올려 커트하는 방법

보브(Bob) ⇒ 머리카락을 빗어서 동일선 상에서 커트한 스타일

보스 사이드 테이퍼(Both side taper) ⇒ 가벼운 끝맺음을 하고 싶을 때나 모발의 안쪽과 바깥쪽 양쪽에서 면도날을 넣어서 테이퍼한다.

보올 커트(Bowl Cut) ⇒ 1964년경부터 유행, '보올(화분)'을 뒤집어씌운 것 같이 눈썹도 덮어주는 풀 뱅(full bang)의 베리쇼트 보브

보이스 보브(Boys bob) ⇒ 남자 머리의 깎아올린 스타일

복스 보브(Box bob) ⇒ 매끄러운 머리흐름에 의한 패널의 아름다움을 표현한 보브스타일. 모든 면을 4각 라인으로 트리밍(triming : 정발)하여 예리한 젊음을 잡은 디자인

브로스 커트(Brosse Cut) ⇒ 짧게 깍는 것. 모발단면의 연속으로 만들어진 스타일로 '브로'란 '브러쉬'란 뜻

브로스(Brosse) ⇒ 브로스커트의 한 수법. 브러쉬와 같은 느낌의 헤어스타일을 각지게 깎는 머리형과 동일한 것. 정면에서 본 톱의 평면 부위가 6cm 전후이다.

블런트 커트(Blunt Cut) ⇒ 직선적으로 커트하는 방법. 구리브 커팅이라고도 한다. 머리칼의 선단을 가장 무겁게 하기 위해 모든 패널을 바른 각도로 커트하는 것이 중요하다. 원랭스 커트(one-length cut). 그래쥬에이션 커트(graduation cut). 레이어 커트(layer cut), 스퀘어 커트(square cut), 이븐 랭스 커트(even length cut) 등이 대표적이다.

블로킹(Blocking) ⇒ 한 구획을 만드는 것. 구분하는 것 및 그 기법. 블로킹(blocking)은 사이드(side), 프론트(front), 톱(top), 크라운(crown), 백(back), 네이프(nape)의 6구분이다.

비베링(Beveling) ⇒ 비스듬히 자르는 것. 원랭스 커트의 경우 또는 레이어의 경우 등은 선단에서부터 윗쪽으로 감에 따라 서서히 길게 커트하여 가는데 그때에 사용하는 기법

비즈니스 커트(Business cut) ⇒ 회사·상사·은행원 등 비즈니스에 맞는 스타일

『C』

C-커브 츄어(C-Curve true) ⇒ C자형으로 커트하는 테크닉

센터 백 파트(Center back part) ⇒ 모발을 가르는 방법의 하나. 센터파트의 가름선을 더욱 뒤쪽으로 진행시켜 후두부의 목덜미 중심까지 세로로 갈라 나눈 것.

센터 파트(Center part) ⇒ 모발을 이마의 가운데에서 가르는 것.

센터 포인트(Center point) ⇒ 중심선과 크라운의 앞부분을 연결하는 포인트

셀레스철 스피어(Celestial sphere) ⇒ 머리둘레 부위의 높이를 나타내는 입체적 측정 시스템

셀레스철 액시스(Celestial Axis) ⇒ 선, 방향, 시술각을 나타내기 위해 사용되는 2차원적인 기호

방향 ⇒ 위, 아래, 앞, 뒤, 왼쪽, 오른쪽

선 ⇒ 수평, 수직, 우대각, 좌대각

시술각 ⇒ 0°, 45°, 90°

채널 커트(Channel cut) ⇒ 서로의 길이가 교대로 대조를 이루며 행해지는 커트 테크닉

체크 커트(Check cut) ⇒ 커트가 끝난 다음 간추리지 않는 머리칼이나 수정 등에 행하는 커트

카우릭 파트(Cowlick part) ⇒ 카우릭 파트는 이마 위에 흐트러진 머리카락이 일어선 모발. 가리마를 중심으로 하여 머리 흐름에 따라 사방으로 가르는 분할방법

커넥션(Connection) ⇒ 연결, 접속, 연락, 결합의 뜻. 가이드를 연결하여 외형적인 커트의 스타일을 만드는 것

커스텀 커트(Custom cut) ⇒ 습관, 주문, 준비작업을 한다는 뜻. 하나의 스타일을 만들기 위해 그 스타일에 맞추어서 커트하는 것.

커팅 앵글(Cutting angle) ⇒ 커트할 때 패널을 잡는 방법

컨백스(Convex) ⇒ 구의 바깥처럼 바깥쪽으로 휘어진 표면

컨버전 레이어링(Conversion layering) ⇒ 인크리스 레이어링에 사용되는 기본적 커팅시술. 머리를 길게 남기고자하는 부분의 반대쪽에 위치한 고정 디자인 라인쪽으로 머리를 빗어준다.

컨셉(Concept) ⇒ 특이한 사례나 사건으로부터 파생한 일반적인 견해나 이해, 착상 고안.

컨케이브(Concave) ⇒ 구의 안쪽같이 휘어진

컨투어 테이퍼링(Contour tapering) ⇒ 밀착된 머리를 만들기 위해서 양을 제거하는 머리질감 만들기 기법

컴비네이션(Combination) ⇒ 두 가지 형의 혼합형

컴포지션(Composition) ⇒ 전체를 형성하기 위해 구성요소를 조합하는 것

커트 앤드(Cut end) ⇒ 절단면

커트 앵글(Cut angle) ⇒ 잡아낸 머릿단에 대해서 가위의 들어가는 각도를 말한다.

커트(Cut) ⇒ 자르다. 절단하다의 뜻. 주된 방법은 브런트 커트, 테이퍼 커트, 틴닝커트, 스트록커트 등이 있다.

코너(Coner) ⇒ 각 또는 구석이란 뜻. 커트하기 위해서 잡아낸 패널이나 섹션의 각을 말한다. 패널의 코너 머리카락이 두상의 어느 위치에 고정시키느냐에 따라서 볼륨감이나 흐름 헤어라인이 결정된다.

코밍(Combing) ⇒ 빗을 조작하는 일

콘케이브 커트(Concave cut) ⇒ 움푹 패이게 한다는 뜻. 머리흐름의 원천(머리흐름이 시작되는 곳)이 제일 짧고, 즉 '짧은 머리칼은 긴 머리칼을 밀어낸다'의 머리칼의 특징을 살려서 계산된 커트기법

콘티넨탈 브로스(Continental brosse) ⇒ 서구풍의 약간 긴 편인 브로스

콤 쓰루(Comb through) ⇒ 빗이 머릿결을 지나가는 것. 즉 빗질 도중을 일컬음

콤 아웃(Comb out) ⇒ 빗을 머리로부터 떼는 것

콤 워크(Comb work) ⇒ 빗을 써서 커트하는 것

콤 컨트롤(Comb control) ⇒ 커팅 기법의 하나로 손가락이 아닌 빗살로 머리를 제 자리에 잡아주는 기법. 머리에 최소한의 텐션을 준다.

크레스트 에어리어(Crest area) ⇒ 두상의 가장 넓은 부분. 크레스트 윗부분(interior 인티어리어)과 아랫부분(exterior 엑스티어리어)를 구분해 준다.

크로스 체크 커트(Cross cheek cut) ⇒ 커트를 끝낸 다음 체크 커트를 할 때 지금까지의 슬라이스선과 교차되도록 패널을 잡아내어 길이를 체크한다.

크리에이션 커트(Creation cut) ⇒ 창조적인 디자인 커트

클리퍼 오버 콤(Clipper-over-comb) ⇒ 두상에 붙는 효과를 만들기 위한 커팅기법. 머리길이를 잡아주는 가이드로 사용되는 빗 사이로 튀어나온 머리를 클리퍼로 커트한다.

클리퍼 워크(Clipper work) ⇒ 클리퍼에의한 작업 또는 조작. 클립퍼로 모발을 자르는 것.

클리퍼(Clipper) ⇒ 모발을 잘라내는 이발기, 정식으로는 '헤어 클립퍼'라고 부른다. 일본에서는 '바리깡'이라 부르고있는데 이는 프랑스의 '바리칸'이라는 사람에 의해서 클립퍼가 만들어진 데서 그 이름을 따서 유래된 것이다.

클리핑(Clipping) ⇒ 가위를 사용해서 튀어나온 모발을 잘라내는 것

『D』

다운 베이스(Down base) ⇒ 위쪽이 점점 길게된다.

다운 스템 커트(Down stem cutting) ⇒ 머리줄기의 밑뿌리가 두피에 대해서 내려가 있는 상태

다운 스트록(Down stroke) ⇒ 스트록 커트로 면도날의 날 끝이 아래쪽으로 향하게 하는 커트법

다이어고널 라이트(Diagonal right) ⇒ 오른쪽으로 향하는 대각선

다이어고널 레프트(Diagonal left) ⇒ 왼쪽으로 향하는 대각선

다이어고널 포워드(Diagonal forward) ⇒ 얼굴을 향하는 대각선

드라이 커팅(Dry cutting) ⇒ 헤어 커팅을 할때 모발을 적시지 않고 가위나 틴닝으로 커트한다.

디렉션(Direction) ⇒ 하나의 선이나 면이 가는 길

디스커넥션(Disconnection) ⇒ 단점, 분리, 차단의 뜻으로 가이드를 연결하지 않고 두상의 형태에서 영역을 나누어(1개 이상, 2, 3, 4) 영역을 연결하지 않고 스타일을 만드는 것

디스트리뷰션(Distribution) ⇒ 베이스 파팅과 관련되어 머리를 빗는 방향. 분배에는 자연분배 직각분배, 그리고 변이분배의 3가지가 있다.

디자인 디시젼(Design decision) ⇒ 최종 헤어 디자인과 관련하여 고객과의 충분한 상담을 통해 내려진 디자인 결정

디자인 엘러먼트(Design element) ⇒ 예술 형태의 주요 구성 성분. 헤어디자인에서 디자인 요소에는 머리형, 질감, 칼라가 있다.

디자인(Design) ⇒ 하나의 예술적 단위를 만들어내는 모양. 선, 장식효과의 배열

디크리싱 그래쥬에이션(Decreasing graduation) ⇒ 두 개의 비평행선 사이의 그래쥬에이션. 얼굴 뒤쪽으로 가면서 그래쥬에이션양이 감소한다.

딥 테이퍼(Deep taper) ⇒ 머리량이 너무 많을 때와 바깥쪽의 머리를 테이퍼 할 때 행한다. 2/3 밑뿌리에서부터 레져를 넣어서 테이퍼 한다.

『E』

에칭(Etching) ⇒ 레이져로 짧게 긁듯이 하여 윗모발이 짧고 아래가 길게 머리를 커트하는 레이져 커팅 기법

엔드 테이퍼(End taper) ⇒ 머리끝의 1/3부분을 가늘게 솥쳐내는 테이퍼 기법

엘리베이션(Elevation) ⇒ 높이, 올림, 위치

엣지(Edge) ⇒ 끝단, 칼날, 단선, 날선

이어 투 이어 라인(Ear to ear line) ⇒ 양쪽 귓바퀴의 위쪽 끝을 연결하는 선

이어 투 이어 파팅(Ear to ear parting) ⇒ 귀 뒤쪽에서 두부 정상을 가로 질러 다른 한쪽의 귀까지 상하로 갈라 나누는 것.

『F』

폴(Fall) ⇒ 비달사순 커트의 패턴, 후두부에 떨어지게 손질한 머리칼의 부분

폼(Form) ⇒ 어떤 물체의 윤곽 또는 겉모습

폼라인 테이퍼링(Form line tapering) ⇒ 머리 끝에 뭉침과 무게를 덜어주어 생동감을 살려주는 머리질감 만들기 기법

프론탈(Frontal) ⇒ 앞의, 이마의, 전부골

프론트 헤어라인(Front hair line) ⇒ 앞 얼굴 주변머리

프론트(Front) ⇒ 전두부, 앞머리, 정면, 전부

프리핸드 커팅(Free hands cutting) ⇒ 감각커팅, 내츄럴 상태에서 행해지며 느낌만으로 시술하는 테크닉

프린지(Fringe) ⇒ 앞머리부분

핑거/쉬어 포지션(Finger/Shear position) ⇒ 파팅 패턴에 따른 손가락과 커트 라인의 위치

핑거스 앵글(Finger' s angle) ⇒ 손가락의 각도

훼더(Feather) ⇒ 깃털과 같은 감각으로 끝마무리한 헤어 스타일

훼이스 라인(Face line) ⇒ 사이드 코너 포인트에서 반대 사이드 코너 포인트까지 연결하는 머리가 나기 시작하는 선

『G』

가이드 섹션(Guide section) ⇒ 헤어 커트시에 제일 처음에 커트하는 섹션으로 다음 섹션부터는 이 섹션이 기준이 된다.

가이드(Guide) ⇒ 커트시 기준이 되는 머릿단

골덴 포인트(Golden point) ⇒ 센터파트와 이어라인의 교차점

골덴 포인트(Golden point) ⇒ 턱을 시발점으로 귀옆 사이드에서 사선으로 그에 맞닿는 지점

그래쥬에이션 보브(Graduation bob) ⇒ 가벼움과 상쾌함을 구해서 어시미트리(asymmetry 비대칭)한 구성으로 어른스러운 이미지를 디자인 한 것

지오메트릭 쉐이프(Geometric shape) ⇒ 직선 또는 곡선의 닫힌 윤곽

지오메트릭 커트(Geometric cut) ⇒ 기하학적인 직선으로 구성된 스타일로 비달 사순커트의 기본개념이 되어있다.

지오메트릭(Geometric) ⇒ 각도의 관련성에 따른 완성도를 이해하고, 잡아당긴 머리카락에 기하학적인 판단을 넣어서 커트하는 일

『H』

하드 라인(Hard line) ⇒ 딱딱한 선
헤드(Head) ⇒ 머리, 목의 윗부분, 정상, 면도날의 뒤쪽의 선단
헤드라인(Head line) ⇒ 두부의 표면의 외곽선
헤어 모드(Hair mode) ⇒ 헤어 스타일의 유행
헤어 쉐이핑(Hair shaping) ⇒ 정발 기술
내츄럴 쉐이프(natural shape) ⇒ 그 사람의 자연스런 머리흐름에 맞추어서 빗기는 것
다운 쉐이프(down shape) ⇒ 보브 스타일과 같이 머리흐름을 곧바로 아래로 향해 빗기는 것
라운드 쉐이프(round shape) ⇒ 패널에 방향성을 주기 위해서 빗을 둥글게 움직이면서 빗기는 것
아웃사이드 쉐이프(outside shape) ⇒ 머릿단의 바깥쪽에서부터 빗기는 것
인사이드 쉐이프(inside shape) ⇒ 머릿단의 안쪽에서부터 빗기는 것
헤어 웨프트(Hair weft) ⇒ 머리 조각, 헤어피스와 같다
헤어 코밍(Hair combing) ⇒ 모발을 빗기는 기술
헤어 트림(Hair trim) ⇒ 모발을 깎아 가지런히 정돈하는 것
헤어라인(Hair line) ⇒ 머리카락이 나기 시작한 선
헴 라인(Hem line) ⇒ 프론트, 사이드 네이프에서의 머리카락이 나기 시작한 라인
호리죤탈 슬라이스(Horizontal slice) ⇒ 수평 슬라이스

『I』

이미지(Image) ⇒ 사물의 모양을 묘사 한 스타일 등에 사용
인레이어드 커트(Inlayered cut) ⇒ 커트의 단면이 아래로 내려감에 따라 안에 들어있는 것으로 하여 그래쥬에이션 커트를 인레이어드 커트라한다.
인사이드 라인(Inside line) ⇒ 모발을 7 : 3 또는 4 : 6으로 갈라 나누었을 때 그 가르마는 별도로 모발이 많은 쪽에 만드는 가르마를 말한다.
인사이드 코너(Inside coner) ⇒ 2개의 선이 교차되는 가장 짧은 부분
인사이드 테이퍼(Inside taper) ⇒ 머리끝을 안쪽으로 향하게하고 싶을 때에는 레이져를 머릿단의 안쪽에서부터 넣어 테이퍼한다.
인사이드(Inside) ⇒ 내측, 안쪽
인크리싱 그래쥬에이션(Increasing graduation) ⇒ 두 개의 비평행선 사이의 그래쥬에이션, 얼굴 뒤쪽으로 가면서 그래쥬에이션 양이 증가한다.
인티어리어(Interior) ⇒ 두상의 크레스트선 위 또는 두상의 가장 넓은 부분

『L』

라인(Line) ⇒ 선, 외형
레이어 커트(Layer cut) ⇒ 상층부의 모발이 그 아래층이 되는 모발을 뒤덮어 숨겨지지 않는 상태로 단층을 붙여주는 커트방법이다.

레이어(Layer) ⇒ 위가 짧고 밑이 긴 상태로, 각도는 두피에 대해서 90° 이상으로 떠서 커트하는 스타일로 단차가 큼

『M』

머쉬룸 커팅(Mushroom cutting) ⇒ 1962년경부터 유행하여 버섯을 엎어놓은 것 같은 실루엣의 아주 짧은 보브. 머리끝의 안쪽 말이가 특징이다.

멀티플 디자인 라인(Multiple design line) ⇒ 복수 디자인 라인, 전환 레이어링 테크닉과 함께 사용되는 둘 또는 그 이상의 고정 디자인 라인

모빌 디자인 라인(Mobile design line) ⇒ 커트시 사용되는 길이 가이드로서 특정 부분 전체에 걸쳐 이동하여 머리형을 만들 때 따라야 할 디자인 라인 역할을 한다.

모빌 스테이셔너리 디자인 라인(Mobile stationary design line) ⇒ 이동과 고정의 혼합형 디자인 라인

무브먼트(Movement) ⇒ 움직임, 운동, 행동, 이동

미디엄(Medium) ⇒ 30° 보다 크고 60°보다 작은 각(45°가 표준 시술각이다)

『N』

나칭(Notching) ⇒ 머리 길이를 불규칙하게 만들어 내어 두껍게 떨어지는 질감을 만드는데 사용되는 기법

내추럴 루트 리프트(Natural root lift) ⇒ 모발의 뿌리가 자연스럽게 들려지게 하는 것

내추럴 인버젼(Natural inversion) ⇒ 레이어 커트의 기법으로 센터 섹션에 대해서 평행의 슬라이스 섹션을 떠서 그 섹션을 전부 중앙에 끌어 모아 커트한다.

내추럴 커트(Natural cut) ⇒ 자연 상태로 커트한다.

내추럴 폴 포지션(Natural fall position) ⇒ 스타일을 예상하여 자연스럽게 머리를 빗질하여 둔 상태

내추럴(Natural) ⇒ 모발의 자연성장 패턴과 관련한 머리의 방향

네이프 라인(Nape line) ⇒ 머리가 나기 시작하는 곳의 선. 목선

네이프 백 라인(Nape back line) ⇒ 이어 포인트에서 네이프 사이드 포인트까지 연결하는 선

넥 라인(Neck line) ⇒ 목, 옷깃

노멀 프로젝션(Normal projection) ⇒ 두상 위치에 따라 균일하게 90°로 드는 머리. 일반 시술각은 커트의 구조를 분석하기 위해서 사용된다. 이 시술각은 유니폼 레이어형 시술 시에도 사용된다.

노멀테이퍼(Normal taper) ⇒ 머리 끝의 소부분을 가늘게 솎쳐내는 테이퍼 기법

논 섹스 커트(Non sex cut) ⇒ "머리칼이란 소재에 남녀의 차이는 없다." 라고 하는 원점으로 되돌아가 논 섹스 패션을 기점으로 하는 커트로 일종의 유니섹스 모드의 반영이다.

논패러럴 스컬프팅(Nonparallel sculpting) ⇒ 커팅시 기본 파팅에 평행하지 않게 잡는 모든 손가락 각도

뉴 비숍 커트(New bishop cut) ⇒ 전후로 연장되는 실루엣 안에서 원점을 구하고 목덜미의 깃 닿는 부분을 깎아 올리고 사이드의 직선을 강조한 스타일. 중세기의 비숍(승려) 커트를 기능적이고 예쁜 현대의 이미지로 표현한 것

「O」

아우트 라인 코너(Out line corner) ⇒ 2개의 선이 교차되는 가장 긴 부분

아우트사이드 라인(Outside line) ⇒ 머리칼의 바깥쪽의 둘레를 이루는 라인. 실루엣의 형을 만들어주는 라인

오리지널 가이드 라인(Original guide line) ⇒ 최초의 가이드 라인

오발 커트(Oval cut) ⇒ 타원형으로 깎아 올리는 머리형. 각진 둥근 단발머리

오버 다이렉트 섹션(Over direct section) ⇒ 어느 한쪽을 길게하기 위해 당기는 섹션

옥시피탈 본(Occipital bone) ⇒ 후부의 센터에서 툭 튀어나온 뼈

온더 베이스 커팅(On the base cutting) ⇒ 파팅된 모발을 좌우 같은 각도로 잡아 대는 방법. 잡아낸 모발의 양쪽의 길이가 같게 되도록 하기 위해서는 베이스의 중심이 직각이 되도록 잡아내지 않으면 안된다.

원 핑거 프로젝션(One-Finger projection) ⇒ 손가락 굵기 만큼 들어주는 시술각

원랭스 커트(One length cut) ⇒ '하나의 길이'란 뜻으로 모발을 가로로 동일선상에 같은 길이로 가지런히 해놓은 커트 방법

「P」

파트(Part) ⇒ 머리칼을 나누는 것. 사이드 파트(side part, 7 : 3의 비율), 센터 파트(center part, 중앙에서 가름)등이 있다. 가름선이 없는 스타일은 노 파트(no part)라고 한다.

파팅(Parting) ⇒ 나누는 것. 가르는 것. 그 기법. 분할

패널(Panel) ⇒ 장방형의 것. 커트에서는 슬라이스하여 손에 잡은 모발이 판 상태로 되어 있으므로 "패널"이라고 한다.

패러럴 그래쥬에이션(Parallel Graduation) ⇒ 두 개의 평행선 사이의 그래쥬에이션

패러럴(Parallel) ⇒ 다른 선이나 점으로부터 균일한 유지를 유지해 주는 것. 평행 그래쥬에이션. 두 개의 평행의 그래쥬에이션

퍼펜디큘러(Perpendicular) ⇒ 머리를 베이스 파팅에서 90°로 빗었을 때의 머리 방향

포인트 커트(Point cutting) ⇒ 자르는 테크닉은 45°의 각도로 시술한다. 모량을 감소하는 방법은 잡은 모발과 평행한 상태로 시술한다. 깊은 테크닉과 얇은 테크닉을 사용해 소프트함을 표현한다.

포인팅(Pointing) ⇒ 곧은 가위의 끝이 손가락에서 머리끝을 향해서 움직이는 머리질감만들기 기법

프레 커트(pre cut) ⇒ 미리 원하는 스타일로 커트하는 것

프레셔 스컬프팅(Pressure sculpting) ⇒ 머리가 말랐을 때 머리가 좀더 짧아지도록 젖은 머리에 텐션을 주어 시술하는 커팅 기법

프로그레션(Progression) ⇒ 진행

프로젝트(Projection) ⇒ 커트시 머리의 곡선과 베이스 파팅에 따라 머리를 뜨는 각도

프리씨즌 커트(Precision cut) ⇒ 정확한 커트

플래너 스컬프팅(Planar sculpting) ⇒ 평면을 따라서 머리를 커트하는 기법

『R』

라운드 사이드 파트(Round side part) ⇒ 사이드에서 가르는 선이 곡선인 경우

레이저 커팅(Razor cutting) ⇒ 레이져를 사용하여 헤어커트를 하는 테크닉. 이방법으로 머리끝을 가늘게 할 수 있고, 웨이트와 가벼움을 조정할 수 있음

렉탠큐러 파트(Rectangular part) ⇒ 두상을 가르는 방법의 일종. 일반적으로 스퀘어 파트라고 불리어진다.

릿지 라인(Ridge line) ⇒ 그래쥬에이션형에서 두 가지 머리질감을 나누어주는 선

『S』

사이드(Side) ⇒ 측두부, 두부의 옆

섹셔닝(Sectioning) ⇒ 조절을 위하여 두상을 시술하기 편한 구역으로 나누는 것

섹션(Section) ⇒ 구분, 구획, 가름의 구분 등의 의미로 교차점을 가리킨다. 커트 용어에서는 블록킹한 부분을 다시 적은 부분으로 갈라 나누어 잡는 것을 말한다.

쉐이프(Shape) ⇒ 어떤 물체의 윤곽

스컬프티드 텍스춰(Sculpted texture) ⇒ 커트를 통해서 얻어진 머리질감

스퀘어 파트(Square part) ⇒ 사각으로 나누는 것. 모발 나누기의 기본형의 하나. 이마의 양쪽각에서 사이드파트하고 두상의 정상 가까이에서 이마의 헴라인과 수평으로 나눈 것

스템 커트(Stem cut) ⇒ 헤어커트의 경우 잡아낸 모발의 밑뿌리에서 빗기고 또는 손가락으로 지탱할 수 있는 곳까지를 스템이라고 부른다.

슬라이드 커팅(Slide cutting) ⇒ 머리를 수직으로 커트하기 위해 가위를 머리가닥을 따라 미끄러뜨려 사용하는 커팅 기법. 종종 머리 길이 차를 급격히 할 필요가 있을 때 사용된다.

슬리0더링(Slithering) ⇒ 가위를 사용해서 모발의 숱을 쳐내는 방법

실루엣(Silhouette) ⇒ 어떤 물체나 디자인의 외부 윤곽

『T』

테이퍼 커트(Taper cut) ⇒ 레이져로 머리끝을 붓끝과 같이 점차적으로 가늘게하는 커팅기법. 모발에 가벼움과 움직임을 표현하기 위해서 모든 모발을 간추려지지 않은 상태로 커트한다. 엔드테이퍼(end taper), 노멀 테이퍼(normal taper), 딥 테이퍼(deep taper) 등으로 나뉜다.

톱(Top) ⇒ 두상의 제일 꼭대기. 선단. 정상

참고문헌

미용기초기술, 보성사.
스트록컷을 마스터한다, 유타니준 메이여성모드사.
이바최신이미용기술용어사전, 도서출판 이바.
헤어 커트의 形態 變化要因에 대한 實證研究, 정원지, 박사학위논문, 2008년.
C-3 기초커트, 김영미 외, 청구문화사, 2009년 2월.
C-3 실전커트, 김영미 외, 청구문화사, 2006년 8월.
C-3 응용커트 & 남성커트, 김영미 외, 청구문화사, 2005년 8월.
PUBLICATION, OSAMU FURUSATO.
zome and section, 정상화영, 신미용출판사.
√5(ルートファイブ), 植村隆博, 女性 モード社.

찾아보기

INDEX

저자소개

김영미(씨쓰리미용학원)
권대순(세경대학교)
김순희(동남보건대학교)
손지연(한국영상대학교)
윤수용(마산대학교)
이수희(청암대학교)
이혜정(명지전문대학교)
장미라(목포과학대학교)
정미숙(연암대학교)
정원지(광주여자대학교)
최소영(신성대학교)
강미영(수성대학교)
권태신(전주기전대학교)
김일순(동강대학교)
오현주(호남대학교)
이대천(부산과학기술대학교)
이재숙(광주여자대학교)
이효숙(전주비전대학교)
전선정(강릉영동대학교)
정민자(경남도립거창대학교)
정숙희(경남정보대학교)
최영희(가천대학교)
고민석(서경대학교)
김서희(광주여자대학교)
김춘일(제주한라대학교)
유은성(우송대학교)
이부형(창원문성대학교)
이정례(남부대학교)
장경옥(김천대학교)
정년구(선린대학교)
정　연(경북도립대학교)
진용미(서경대학교)
허병회(예일미용직업전문학교)

C.C.C. 베이직커트

2009년 10월 25일 초판발행
2012년 3월 10일 개정판발행
2020년 3월 10일 개정판2쇄발행

지은이 : 국제헤어디자인연구회
펴낸이 : 이상태
펴낸곳 : 청구문화사
주　소 : (120-831)서울특별시 서대문구 연희 1동 436-1번지
전　화 : 02-332-0541(代)　FAX : 02-337-9577
등　록 : 1990년 11월 2일 제9-247호

가격 40,000원

ISBN 978-89-5616-478-6 93590